U0047699

國家圖書館出版品預行編目 (CIP) 資料

咖啡全事典 / 鄭京林，朴孝永著；黃薇之譯. -- 初版.
-- 新北市：木馬文化出版：遠足文化發行，2017.03
　面；　公分
ISBN 978-986-359-358-4(平裝)

1. 咖啡
　　　　　　　　427.42　　　105025119

咖啡全事典

作　　　者：鄭京林、朴孝永
譯　　　者：黃薇之
總 編 輯：陳郁馨
副總編輯：李欣蓉
內頁設計：黃嬿茹
行銷企劃：童敏瑋
社　　　長：郭重興
發行人兼出版總監：曾大福
出　　　版：木馬文化事業股份有限公司
發　　　行：遠足文化事業股份有限公司
地　　　址：231 新北市新店區民權路 108-3 號 3 樓
電　　　話：(02)22181417
傳　　　真：(02)86671891
Email　：service@bookrep.com.tw
郵撥帳號：19588272 木馬文化事業股份有限公司
客服專線：0800221029
法律顧問：華洋國際專利商標事務所　蘇文生律師
印刷：凱林印刷股份有限公司
初版：2017 年 03 月
二刷：2017 年 05 月
定價：340 元

你想知道所有關於咖啡的一切

咖啡全事典

당신이 커피에 대하여 알고 싶은 모든 것들

鄭京林、朴孝永 著　黃薇之 譯

Happiness is found
when you have a cup of coffee.

幸福就在一杯咖啡中。

C O N T E N T S

咖啡
全事典

每天一杯咖啡，和我一起迎接早晨，也一起結束匆忙一天。
不止是活在現代的我們，許多歷史中的至聖們，
也都對咖啡留下了無數的讚詞。

啊！咖啡這令人讚嘆的味道！
比千次的吻要更美妙，
比麝香葡萄酒要更香甜。
就算無法成婚，就算不能外出，
只有咖啡就是戒不掉。

巴赫的〈Cantata〉

老人緩緩地喝著咖啡，
這就是他一整天的飲食，
他知道應該要把它喝了。

海明威的〈老人與海〉

咖
啡，

陷入它的魅力之中

從第一次被發現之後，歷經數百年流傳到全世界，
咖啡形成了一種文化並曾是改革的核心，
而今已成了許多現代人日常生活的一部分。

不同於一開始多為方便飲用的即溶咖啡，
隨著咖啡愛好者開始日漸增加，咖啡市場自然越來越大，
許多相關的職業也出現了。
對於咖啡的關注越來越多，咖啡愛好者的知識與要求的品質
也隨之變高，漸漸地取代低價大量的咖啡，
讓高品質的精品咖啡受到矚目。

所謂的精品咖啡是指複合了莓果、茉莉、柳橙等，
有著豐富個性與鮮明香氣的咖啡，
可以視為紅酒中的 Grand Cru 等級。
這麼說來，需要什麼樣的條件呢？
究竟怎樣的咖啡才會被評價為有好的香氣，
還有怎樣的環境才能栽培出好的咖啡，
該如何保存，該用怎樣的條件來烘焙，才能散發香氣等，
就需要各方面的知識和技術。
本書不只是單純地寫給想要認識咖啡的人，
也是給猶豫著要不要開始從事咖啡工作的人的導覽書。
從咖啡在什麼樣的環境中栽培、如何加工、到評鑑的方法，
烘焙的原理與萃取等，為了萃取出一杯咖啡
所要進行的全部過程都包含在內。
希望能藉由本書讓更多人能正確地享用咖啡，
並將幸福的咖啡文化傳遞出去。

커피자연주의
LUSSO

從咖啡開始

不止全世界的文化、社會或經濟，
對於個人生活也有著大幅影響的飲料，
這樣的一杯咖杯能端來我們面前，
負載著多少的時間與多少人的汗水呢？

咖啡的歷史

我們所喝的咖啡，要經過數年的時間、無數人的汗水與努力，還有各式各樣複雜的過程，才能成為在我們面前的黑色液體。那麼，咖啡是從何時開始被人們飲用的呢？

① 咖啡一開始是山羊吃的？

關於咖啡所流傳下來傳說中，最有名的就是「加爾第（Kaldi）傳說」。在衣索比亞鄉間有個叫加爾第的牧羊人，某天親眼目睹羊群吃了一種紅色的果實後，興奮地跳起來的模樣，覺得奇怪的加爾第自己也試吃了一些果實，同樣感到精神振奮，就將這些果實帶到清真寺，並告訴修道士們。在修道院中將這些果實煎來喝，發現有助於修道士克服在祈禱時襲來的睡意。從此開始，便藉由前往麥加朝聖的修道士，讓衣索比亞以及其周邊國家漸漸認識咖啡，並以伊斯蘭文化圈為中心傳播開來。

衣索比亞的牧羊人加爾第（Kaldi）

植物學中的咖啡

黑色的液體中含有各式各樣的味道與香氣，一杯咖啡是從樹木所開始的。在樹上開花、結果，再將裡面的種子經過加工、烘炒、磨碎、萃取的過程，才能成為我們手上的一杯咖啡。

■ 從植物分類來認識咖啡

界	植物界（Plantae）
綱	木賊綱（Equisetopsida）
亞綱	木蘭亞綱（Magnoliidae）
上目	菊上目（Asteranae）
目	龍膽目（Gentianales）
科	茜草科（Rubiaceae）
亞科	仙丹花亞科（Ixoroideae）
族	咖啡族（Coffeeae）
屬	咖啡屬（Coffea）
種	阿拉比卡種、羅布斯塔種

① 咖啡三大基本原生品種

咖啡有各式各樣的品種，就如同其豐富的香氣一般。咖啡的品種大致上可分為阿拉比卡種、羅布斯塔種與賴比瑞亞種等三大原生品種。

❶ 小果咖啡／阿拉比卡種（L. Coffea Arabica）

在東非衣索比亞的咖發（Kaffa）高地首次發現了阿拉比卡咖啡豆。主要生產於 800 公尺以上的高地，在有均衡的降雨量，肥沃且排水佳的火山土壤中較容易生長。再加上由於富有甜味，對病蟲害抵抗力弱，降霜或光線直射都很容易造成損傷，像這樣不易栽培，和其他原種相比之下產量不高的作物，但因其甜味、酸味與豐富的香氣等，能呈現多層次的風味，還是有許多農場種植，占全世界生產量的 70%。

❷ 中果咖啡／羅布斯塔種（L. Coffea Canephora）

中果咖啡則是在西非的剛果被發現。主要生長於 800 公尺以下的低地，和阿拉比卡相比，能忍受高溫多濕氣候、病蟲害、寒冷等，因此以有「強壯」之意的羅布斯塔（Robusta）來命名。含有的咖啡因是阿拉比卡的兩倍以上，特色是帶有苦味與香味。由於生命力強容易種植，但香味較單一，全世界的生產量約為 30%。

❸ 大果咖啡／賴比瑞亞種（L. Coffea Liberica）

發現於非洲西部大西洋沿岸的賴比瑞亞。和其他品種相較起來，咖啡的香味與生產量非常不足，現在只有在西非與東南亞部分地區生產。

阿拉比卡　　　　　　　　　　羅布斯塔

① 咖啡多樣的品種

咖啡還存在著多樣的品種,並帶有阿拉比卡、羅布斯塔等原生品種的特色。有自然交配或是突變產生的品種,也有為了提高生產量、豐富香味或抗病蟲害等特殊目的而改良的人工交配種等,共達 70 種以上。

阿拉比卡的變異品種

❶ 鐵比卡(Typica)

鐵比卡是阿拉比卡最具代表性的變異品種,有著和原種幾乎類似的特色。咖啡樹高約 3.5 至 4 公尺,樹幹直挺,樹枝則微微傾斜生長。擁有出色的香味,但對周邊環境及病蟲害抵抗力較弱,產量少所以價格較高。

❷ 波旁(Bourbon)

第一次被發現的波旁品種是在馬達加斯加旁的留尼旺島。產量比鐵比卡品種多,咖啡樹的葉子較大且呈深綠色,成熟的咖啡果實為紅色、黃色、橘色等多種顏色。特色是有複雜的酸味、平衡感極佳,後味為甜味。

❸ 瑰夏(Geisha)

產量極少,為珍貴的咖啡品種之一,有著豐富的味道和香氣,又被稱為神的咖啡。由於是在衣索比亞西南部一個叫做瑰夏的小村莊被發現,路經哥斯大黎加移植到巴拿馬後,才獲得現在的盛名。和其他品種相比,咖啡樹較高大,葉子長得較窄且長,最好的品質生產於地勢高的地區。有濃厚的甜味,以及類似莓果、檸檬、芒果、水蜜桃的水果酸味與香氣,後味則是像喝過清澈的紅茶後所留下的隱隱香氣。

❹ 肯特(Kent)

1920 年羅伯特·肯特(Robert Kent)在印度所發現的鐵比卡變異。對疾病的抵抗性高且產量佳,目前在坦尚尼亞有大量種植。

❺ 蒙多諾沃(Mondo Novo)

在巴西發現的波旁種與鐵比卡種天然交配所產生的品種,對疾病的抵抗力高,現在於巴西有大量生產,特色是帶有柔和的香氣。

❻ 巨形象豆(Maragogype)

在巴西的馬拉戈日皮(Maragogipe)發現的鐵比卡變種。生豆體積非常大,因此被稱為象豆,且密度低不硬,柔和沒有特殊的香味,帶有些許酸味。產量不多,大部分產於墨西哥、尼加拉瓜、瓜地馬拉等中美地區,再輸出至北美一帶。

❼ 帕卡斯(Pacas)

波旁的變種,1930 年在薩爾瓦多被發現。咖啡樹的高度較矮,樹枝長且樹葉為深草綠色,對於強風或乾旱的抵抗力強。生豆的體積較大,特色是帶有柔和的口感、酸味和豐富的香氣。

⑧ 卡杜拉（Caturra）

在巴西發現的波旁變種。咖啡樹的外觀近似於波旁種，如同 Caturra 這個字有「矮小的人」的意思一樣，高度稍微矮一點，且對鏽病的抵抗力強。現在於哥倫比亞、哥斯大黎加等地的產量都比巴西來得多，特色是帶有清澈的酸味與柔和的口感。

⑨ 帕卡瑪拉（Pacamara）

在薩爾瓦多所發現的帕卡斯種與巨形象豆種交配所產生的品種。遺傳了巨形象豆的特色，體積非常大，加上帕卡斯的特色，有著酸甜的檸檬風味，並帶有花香。

⑩ 卡杜艾（Catuai）

蒙多諾沃與卡杜拉的交配品種，原產地為巴西，目前在中美地區被廣泛種植。特色是能忍受高地的環境條件。

⑪ SL28、SL34

1930 年代，為了優良品質、高產量以及高抗病力，由 Scott Laboratories 實驗室所改良而成的肯亞品種。

羅布斯塔的交配種

① 帝汶（Timor）

在印尼的帝汶島（Timor Island）所發現的阿拉比卡與羅布斯塔的混種。有阿拉比卡豐富的香氣與羅布斯塔的高抗病力，一般來說，香味沒有阿拉比卡品種來得突出。

② 卡蒂姆（Catimor）

帝汶與卡杜拉交配的品種，抗病力高且產量多。保有與羅布斯塔交配而成的帝汶種特色，但和其他品種相比，品質較為低落。

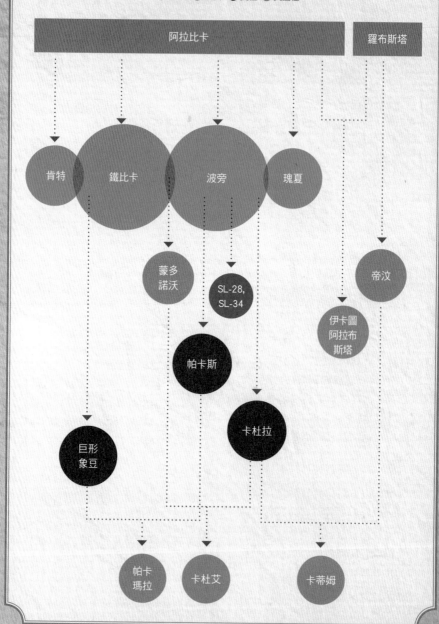

咖啡品種樹狀圖

●原種 ●改良 ●變種 ●交配種

阿拉比卡　　　　　　　　羅布斯塔

肯特　　鐵比卡　　　　波旁　　　瑰夏

蒙多諾沃

SL-28, SL-34

帕卡斯

巨形象豆

卡杜拉

帝汶

伊卡圖阿拉布斯塔

帕卡瑪拉　　卡杜艾　　　　卡蒂姆

咖啡的栽培

需要穩定且溫和的溫度，適當的降雨量與日照等，咖啡樹屬於不容易種植的棘手作物，能符合以上條件最適當的區域就是赤道地區，但赤道地區的低地並不適於咖啡樹生長，而是溫度維持在平均 15 至 25℃，且海拔為 1000 至 1800 公尺的高地才能種植。種植咖啡樹的主要區域為南北緯 25 度間的地區，形成一條長長的帶狀，因而被稱為「咖啡帶」（Coffee Zone 或 Coffee Belt）。

咖啡種植地區

COFFEE BELT

① 適合種植咖啡的條件

1.土壤｜土壤肥沃的程度會隨著溫度、濕度、堅固度、酸度、必須礦物質、排水、傾斜方向與高度等，而有所不同。適於種植咖啡的土壤，是即使在雨季也能排水順暢，且為多孔質的土壤類型，才能使根部充分吸收養分，以不會太乾或過硬的土壤較佳。其中又以火

山土中含有豐富的礦物質，且為弱酸性，富有鐵和鉀，才能讓咖啡樹健康地生長。

2.**高度** ｜咖啡主要生長於高地，阿拉比卡的話至少要海拔 800 公尺以上，羅布斯塔則是種植在 200 至 600 公尺處。高度越高日夜溫差就越大，咖啡的生長速度因而變慢，果實熟成的時間就會變長。

TIP 不同高度的日夜溫差對咖啡香味造成的影響

植物的葉子在白天接收陽光，葉子中的葉綠體會行光合作用，將光和二氧化碳轉化為碳水化合物與氧氣，並同時進行呼吸作用，透過呼吸將細胞內的葡萄糖與氧氣結合，轉換為熱能，並排出二氧化碳。在高度高的地方，咖啡樹會頻繁地進行光合作用，到了晚上溫度急速下降，為了自我保護，呼吸作用就會變慢，並將產生的葡萄糖儲存在細胞內。透過這樣的作用，使得生豆密度變高變硬，就會有各式複雜的香味與酸味。

3.**氣溫** ｜所有的樹木都會受到溫度的影響，特別是咖啡樹適合在平均 15 至 25℃ 的溫和氣溫下栽種。溫度太低的話，會使葉脈中的水分結冰，造成寒害；溫度太高則會枯焦或容易產生急速枯萎的現象。

4.**降雨量** ｜以阿拉比卡為例，需要年平均 1500 至 2000 公釐的降雨量。在乾季結束後雨季開始之前，下過雨之後才會開花，因此這樣的雨又被稱為催花雨（Blossom Shower）。

5.**日照量** ｜咖啡樹一旦接收太多直射光的話，會使葉子溫度升高，就無法順利完成光合作用，無法完成光合作用，就無法產生充分的能量，供給樹木生長與果實成熟。因此在種植咖啡樹時，要盡量避免直曬陽光，並另外種植高大的樹木，在一旁自然地形成樹蔭較佳。

| 咖啡果實 | 咖啡果實是大小約為 1.5 至 2 公分的紅色果實，因為類似櫻桃（Cherry），也有咖啡櫻桃（Coffee Cherry）的暱稱。 |

◎ 咖啡果實的構造

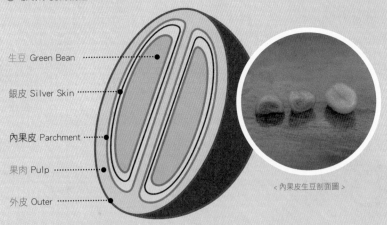

生豆 Green Bean

銀皮 Silver Skin

內果皮 Parchment

果肉 Pulp

外皮 Outer

<內果皮生豆剖面圖>

外皮（Outer）中有薄薄一層甜甜的果肉，果肉中有堅硬、能保護種子的內果皮（Parchment），其中有一層銀色薄膜稱為銀皮（Silver Skin）。將果實連銀皮一併剝除的話，就是我們用來加工成咖啡的種子，即為生豆（Green Bean）。

平豆 VS 圓豆 VS 三角豆

平豆（母豆）
一般的生豆是指一個果實中有兩顆生豆，其中一面為平坦的平豆（Flat Bean）。

圓豆（公豆）
有時候一個果實中只有一顆生豆，就稱為圓豆（Peaberry）。整體形狀為圓型，比平豆略小一點。

三角豆
一個果實中有三顆生豆時，就稱為三角豆（Triangular），形狀就像新月形一樣。

① 種植咖啡樹

韓國也能種植咖啡樹嗎？一般來說，韓國的氣候要在戶外種植較為困難，韓半島分明的四季並不適於種植咖啡樹。但如果是在可以管理周邊環境的溫室，或只是在家觀賞用，就可以栽種。目前於江陵、濟州島等地，都有進行種植咖啡的相關研究，未來能否種植成功，非常值得期待。[1]

1. 播種

栽種咖啡樹的方法雖然非常多樣，最常見的就是內果皮播種法。雖然是用生豆當作種子，但要保留咖啡櫻桃中的內果皮，發芽率才會高。將內果皮生豆種在小花盆中，或是土壤高度為 1 至 2 公分的苗床中，維持大約 30℃ 的溫度。並要設置棚架，注意盡量避免過強的日照量或是強風，1 至 2 個月後，會長到 5 至 6 公分如同四季豆般，之後外果皮會一邊脫落並冒出雙子葉。

咖啡樹的苗木

2. 移植苗木

咖啡樹發芽後約 5 至 6 個月，高度長至 50 公分左右，莖如同鉛筆一般粗時，就可移植到農場。由於此時的苗木很脆弱，還需要調整

日照量，並注意防止病蟲害。盡量不讓咖啡樹被強光直曬，要種在較高大或葉子較大的樹木旁邊，提供樹蔭並調整日照量與風量。

巴西農場的苗木移植

3. 剪枝

咖啡樹雖然可以長到 12 公尺高，但高度太高的話會不易收成，就需要剪枝到 2 至 3 公尺，如此一來，還能將生長所消耗的能量集中在果實上，更有助於增加收穫量。

4. 咖啡花開花

移植到農場後約 3 年左右，會開始開花。當乾季結束後雨季開始之前，一下雨之後咖啡花就會一起盛開。約 1 公分大小的小白花，由

於模樣和香氣類似茉莉花，因此有「阿拉比卡茉莉」的暱稱。阿拉比卡和羅布斯塔的花瓣瘦長且薄，花瓣為 5 瓣；賴比瑞亞則是 5 至 7 瓣。花期為 4 至 5 日，凋謝後就會開始結果。

5. 果實成熟
花凋謝後的地方會開始結出綠色的堅硬果實，漸漸長大後顏色也會跟著轉變。阿拉比卡要 6 至 9 個月，羅布斯塔則要 9 至 11 個月，由綠色變成黃色，再轉為紅色，然後逐漸成熟為深紅色。根據不同的品種，有些果實會變成黃色，有些則是橘色。一般來說，在果實變成深紅色之前就要採收下來。

果實成熟的過程

成熟為黃色果實的品種

[1] 編註：台灣屬於亞熱帶型氣候，具有降雨量與日照充足等條件，適合在中海拔的山區種植咖啡。台灣咖啡的主要產地有雲林荷苞山、南投惠蓀林場、台南東山鄉、花蓮瑞穗農場、嘉義阿里山、屏東大武山等地，種植面積約 8 百至 9 百公頃左右，全國年產量約 8 百多公噸。

咖啡的加工

咖啡主要集中在以赤道為中心南北緯 25℃ 地區，像是非洲、中南美、地中海沿岸等各地區都有栽種。也因此，種植期或收穫期還有出口的時間，都會因為不同的原產地而有所差異。根據不同的降雨量或氣溫，全年會歷經兩次收穫期，最具代表性的原產地為哥倫比亞和肯亞。

不同的生產國為了計算收穫量，會用基準日來表示作物年度（Crop Year）。由於每個國家設定 Crop Year 的基準日都不盡相同，以巴西為例是 4 月 1 日到次年的 3 月 31 日；肯亞和衣索比亞則是 10 月 1 日至次年的 9 月 30 日。國際咖啡組織（ICO，International Coffee Organization）為了統計全世界的咖啡產量，則是固定以每年的 10 月 1 日至次年的 9 月 30 日為基準作為 Crop Year。

① 咖啡果實的收成

咖啡樹栽培了 3 至 5 年之後，就能穩定收成咖啡果實。但即使是同一根樹枝上所結的咖啡果實，成熟度也不會完全相同。會有不夠熟的綠色果實，全熟的紅色果實，以及過熟變黑的果實等，包含各式各樣的成熟度。

1. 人工採摘 HAND-PICKING

各種不同熟度的果實中，只揀選成熟果實的收成方法，稱為人工採摘。就像收成草莓一樣，拿著一個個的籃子，人工直接摘下樹上成熟的果實。但由於果實成熟的時間不同，在一段時間內就需要經過好幾次的採收，最多甚至可達 10 次，因此需要花費許多勞力與時間，但果實成熟度較為一致，能得到較好品質的咖啡。

2. 搓枝法 STRIPPING

將樹枝上結成的果實剝離下來，以一次收成的方式稱為搓枝法。先在樹木周邊的地上鋪上布料，將樹枝上的果實全部搓下，採收後再挑出雜質和不適合的果實。由於很難挑選得完美，和人工採摘相比，雖然品質較差，但可以減少勞力與時間。

3. 機器採收 MECHANICAL HARVESTING

如果是像在巴西一樣，在大平原大量生產的農場中，要直接用人力來採摘或搓枝較為困難。機器採收就像是在自動洗車場中，以自動方式洗車的原理，機器一邊經過樹木，機器上的棒子就會搖動樹木讓果實掉下來，就可以節省工資和時間，但敲打樹木時，不只是果實，樹枝或樹葉也會一併掉落，使樹木損傷。因為雜質和不熟的果實都混在一起，品質較不均勻。加上機械式的採收需要有能讓機器運作的空間，而且要在平地上進行，對於陡峭的高地地區來說，就難以進行。

✐ 加工：從果實到種子

採收完咖啡果實之後，根據時間的長短，果肉會開始發酵，並對咖啡的品質造成影響。因此，採收後要儘快進行分離果肉和生豆的加工過程，最好不要超過 20 小時。加工的方式大致上可分為乾燥法以及需要發酵過程的水洗法，即使是在同一個農場種的同一個品種，也會因加工方式的不同，而在味道和香氣上出現極大的差異。所以，為了理解咖啡的香味，就需要知道加工方式的差異以及其優缺點。

1. 乾燥法加工 NATURAL PROCESS, DRY PROCESS

乾燥法是最傳統、最簡便的環保加工方式，就像曬乾辣椒一樣，將採收的果實直接鋪在混凝土庭院（Patio）上乾燥的方法。將咖啡果

實盡可能以 1 至 5 公分的厚度薄薄鋪開，
並要不時翻動耙地，才不會腐壞並乾燥
均勻。當生豆的含水量為 10 至 13％時，
就要去除乾掉的外皮和內果皮。為了進
行乾燥法，日照量要充足，乾燥時間會因
日照量而改變，平均需要 10 天左右的時間。
不過，這種方式很難讓所有的果實均勻乾燥，和
其他加工方式相比缺點較多，但生豆完全了吸收果肉的甜味，能品
嘗到豐富的甜味與香氣。

2. 水洗法加工 FULLY WASHED PROCESS, WET PROCESS

大部分的生產國較常使用的水洗法，是將咖啡果實的外皮和果肉剝
除，並連同黏稠的黏液質一併去除後，再進行乾燥的方法。為了去除
黏液質，要將帶有黏液質的內果皮生豆浸泡在發酵水槽中一段時間。

清洗咖啡櫻桃並挑出雜質

去除外皮

去除外皮的內果皮生豆

剝除外皮和果肉後乾燥內果皮

經過的時間越久，酵素會分解黏液質，開始進行發酵。不同的發酵時間，咖啡的味道也會不同，放置太久過度發酵的話，咖啡的品質就會降低。大約經18至24小時的發酵後，所有的黏液質都會消失，再鋪在庭院或叫做非洲床（African Bed）的乾燥棚架上曬乾。

由於是將所有的果肉剝除後再乾燥，在乾燥法中能感受到的甜味相對來說較少，但透過發酵過程，可以讓獨特和細緻的酸味更為凸顯。此外，在去除外皮、果肉和黏液質的過程中，能一併去除雜質和瑕疵豆，品質較為穩定。但為了進行水洗法，需要用到大量的水，對於小農或是水資源珍貴的國家來說，較有難度。此外，發酵槽中的水無法再使用，對於環境污染產生的嚴重影響，最近又再度被重視。

3. 半水洗法 SEMI-WASHED PROCESS
半水洗法又叫做 SEMI-WASHED 處理，和水洗法非常類似。先去除外皮、果肉和黏液質，以及乾燥內果皮生豆的過程都相同，但不會發酵黏液質，而是用清除機的物理性力量來去除。

4. 半日曬法 PULPED-NATURAL PROCESS
半日曬法又叫做 PULPED-NATURAL 處理，如同名稱一般，是指將外皮和果肉剝除再乾燥的方式，是為了補救水洗法造成的甜度不足，而開發出來的方法。去除外皮和果肉後，連同黏液質一起乾燥，能維持品質又可保留黏液質中的甜分。

5. 蜜處理法 HONEY PROCESS

蜜處理法是近來很受到矚目的加工法，以類似半日曬的方式來加工。去除外皮後，連同果肉一起乾燥，在乾燥過程中，內果皮會像蜂蜜一樣黏稠，因此以蜜來命名。留下來的果肉會影響生豆的甜味，而形成帶有水果或紅酒般酸甜的味道。蜜處理法依保留的果肉多寡，還可以分成以下幾種。

❶ 白蜜（White Honey）

剝除外皮並去除 90％的黏液質，再進行乾燥的方式，內果皮的顏色看起來白白的，因此叫做白蜜。

❷ 黃蜜（Yellow Honey）

去除 70 至 80％的黏液質，再進行乾燥的方式，保留的黏液質比白蜜多一點，內果皮看起來為黃色。

❸ 紅蜜（Red Honey）

剝除外皮，保留 50 至 60％的果肉進行乾燥的方式。和其他蜜處理法不同，由於保留的果肉較多，需要較長的時間乾燥，以及更細心地管理。

❹ 黑蜜（Black Honey）

2012 年首次問世的蜜處理法，只去除果皮並保留 80 至 90％以上大部分的果肉，再進行乾燥的方式。經過 10 至 15 天的乾燥過程，果肉會慢慢滲入使內果皮變深色，因此稱為黑蜜，特色是帶有紅酒般的香味。

咖啡的分類與等級

咖啡加工後出口到消費國之前，會依各原產地的基準來將生豆分類
並編列等級。原產地分類的方式不是用味道的差異，而是從外觀上
是否乾淨、有無瑕疵為基準來分類。也因為如此，光憑分類法是無
法區別出味道的好壞，但是透過認證機構以及認證的過程，就可以
評價生豆的外觀到香味等條件，再編列等級，對品質才有保障。

衣索比亞的人工挑選

印尼的人工挑選

① 將咖啡命名的分類法

生產地的分類基準包含了種植高度、生豆密度、大小、瑕疵等，根據不同的程度可以再往下細分。咖啡的名字是由產地名、地區名、莊園名，以及大部分的分類等級所組成，因此，光從名稱就可以知道許多相關資訊。

1. 根據種植高度／生豆密度的分類法

由於咖啡種植的高度越高，日夜溫差就越大，生豆成熟的時間緩慢，密度越高也就越硬。越硬的話，細胞組織以及生豆風味就越細緻，味道和香氣更加豐富，酸味也會更棒。高度越高就會編列越高的等級，主要在瓜地馬拉、薩爾瓦多、宏都拉斯等中美地區使用。

■ 根據海拔高度的分類基準

原 產 地	等 級	海拔高度（公尺）	備 註
瓜地馬拉	SHB	1,400 以上	Strictly Hard Bean
	HB	1,200 ～ 1,400	Hard Bean
	EPW	900 ～ 1,000	Extra Prime Washed
哥斯大黎加	SHB	1,200 ～ 1,650	
	HB	800 ～ 1,100	
薩爾瓦多	SHG	1,200 以上	Strictly High Grown
	HG	900 ～ 1,200	High Grown
宏都拉斯	SHG	1,500 以上	
	HG	1,000 ～ 1,500	
墨西哥	Altura	1,000 ～ 1,600	
	PW	700 ～ 1,000	Prime Washed

2. 根據大小的分類法

以生豆大小來分類的方式，會利用篩網（Screener）來測量生豆的體

積。篩網測量的尺寸單位叫做篩號，1 個單位的篩號大小為 1/64 英吋，大約為 0.39 公釐。越大的等級越高，價格也會越高，不過，生豆大並不代表一定會有優秀的味道和香氣。

■ 根據生豆大小的分類基準

原產地	等級	篩號	備註
哥倫比亞	Supremo	SC 17 以上	6.75mm 以上
	Excelso	SC 14 ～ 16	5.56mm ～ 6.35mm
肯亞	AA	SC 18 以上	7.14mm 以上
	A	SC 17 以上	6.75mm 以上
	AB	SC 15 ～ 16	5.95mm ～ 6.35mm
	C	SC 14	5.56mm
坦尚尼亞	AA	SC 18 以上	7.14mm 以上
	A	SC 17	6.75mm
印度	Cherry AA	SC 16	乾燥法加工
	Cherry AB	SC 15	乾燥法加工
	Plantation AA	SC 17	乾燥法加工
	Plantation A	SC 16	乾燥法加工
	Plantation B	SC 15	乾燥法加工

3. 根據生豆的瑕疵多寡來分類

在一定分量的生豆中，檢查有多少瑕疵並加以分類的方法，瑕疵豆不只是外觀上不好看，以後對於咖啡的香氣也會造成不良的影響。主要為衣索比亞和巴西常用的分類法，衣索比亞的話，根據瑕疵的數量多寡依序分成 G1 至 G8，G1 至 G5 則為出口的等級；G1 和 G2 為水洗法加工，而 G3 至 G5 為乾燥法加工，再依瑕疵數來細分。雖然乾燥法加工比水洗法加工之後的瑕疵來得多，瑕疵數有顯著的差異，但並不代表 G3 就是比 G1 品質差的咖啡。

■ 根據瑕疵的分類基準

原產地	等級	瑕疵數	備註
衣索比亞	Grade 1	3 個以下	水洗法加工
	Grade 2	4 ～ 12	水洗法加工
	Grade 3	13 ～ 25	乾燥法加工
	Grade 4	26 ～ 45	乾燥法加工
	Grade 5	46 ～ 100	乾燥法加工
秘魯	ESHP	～ 10	Electronic Sorted & Hand Picked
	ES	11 ～ 40	Electronic Sorted
	MCM	41 ～ 70	Machine Cleaned Majorado
	MC	71 ～ 100	Machine Cleaned
巴西	No.2	4 點以下	
	No.3	12 點以下	
	No.4	26 點以下	

印尼或夏威夷會同時依瑕疵數和篩號來分類。

原產地	等級	篩號	瑕疵分數
印尼	Grade 1	Large	11 個以下
	Grade 2	Small	12 ～ 25
	Grade 3	Large	26 ～ 44
	Grade 4	Medium	61 ～ 80
	Grade 5	Small	81 ～ 150
夏威夷	Extra Fancy	SC 19	10 個以下
	Fancy	SC 18	16 個以下
越南	Grade 1	SC 13 ～ 16	60 個以下
	Grade 2	SC 12 ～ 13	90 個以下

① 第三波咖啡浪潮，精品咖啡

第三波咖啡浪潮（The Third Wave of Coffee）從 90 年代後半開始，進入 2000 年之後開始蔓延開來。

第一波浪潮時，咖啡的消費出現急遽成長，像是雀巢咖啡等即溶咖啡品牌的擴增；第二波浪潮轉換為阿拉比卡咖啡之後，像是星巴克等國際大型連鎖品牌的咖啡店開始增加；第三波浪潮則不是量的增加，而是以提高品質為目標，單純以原產地來分類，再細分為不同莊園或品種，生產者和消費者的直接交易，咖啡卓越杯（CoE，Cup of Excellence）或精品咖啡（Specialty Coffee）等，都代表了將焦點放在咖啡本身的特性和品質。

精品咖啡是指經過美國精品咖啡協會（SCAA）嚴格的審查，得到優秀品質認證的咖啡。為了成為精品咖啡，基本上要有優秀的品質、適合的微氣候（Microclimate），除了養分豐富的土壤之外，要生產出高品質的咖啡豆，還必須配合協調的農法。如此一來所生產的咖啡豆，為了獲得精品咖啡的認證，從生豆的外觀到咖啡的香氣，要經過各式各樣的測試，像是生豆與原豆中是否有瑕疵，萃取後咖啡帶有的香氣等，要得到 80 分以上的高分，才能冠上精品咖啡的名號。精品咖啡和一般咖啡相比，販售的價格最低從 2 倍到 20 倍以上皆有，生產者從原本下降的標準化大量生產，到轉為小量的高品質咖啡生產，嘗試了各式各樣的農法，並傾注不少努力。因此，在咖啡市場中才有更多高品質咖啡可供選擇，消費者才能更容易接觸到有多元豐富香味的咖啡。

① 小小的變化，永續咖啡

1990 年代末期，咖啡生產國的供給量增多，價格卻大幅跌落，相比之下需求開始停滯。但是生產地卻為了栽培更多的咖啡，使用化學肥料與殺蟲劑，使環境遭到破壞，過度的砍伐讓土壤被侵蝕，且必須穀物的生產比重顯著下降。

為了保護環境，並能持續地生產咖啡，便導入永續咖啡（Sustainable Coffee）的概念，出現了各式各樣的實踐方案。

---

❶ 有機農認證 Organic

得到有機認證[2]的咖啡，是不使用化學肥料或農藥等化學材料，在最自然且優質的土地上，以有機的方式生產。美國的情況是由美國農業部（USDA，United States Department of Agriculture）訪問咖啡生產地，確認內部是否符合有機的基準來生產。要得到有機農的認證，至少要三年不使用化學肥料，讓土壤中沒有化學肥料的殘留物。雖然成為有機農製品，並不會讓味道和香氣變得更豐富，但為了攝取的人的健康，以及持續維持土壤的品質，而改用有機農法來栽培。有些衣索比亞等沒有能力購買化學肥料的貧窮佃農場，雖然是以自然的有機方式栽培，但獲得有機認證的程序繁瑣，對個人佃農來說，想要得到認證就不太容易。

■ 各國的有機認證標章

　　< 美國 >　　　　　< 英國 >　　　　　< 法國 >　　　　　< 日本 >

❷ 蔭下栽種認證 Shade-grown, Bird Friendly

咖啡樹被強烈的日光直射的話，就會乾掉或無法完全生長，因此，通常會種在高大樹木的周邊，以自然的方式在樹蔭下種植，就是蔭下栽種（Shade-Grown）。但近來因為樹林被大量砍伐，耐蔭樹（Shade tree，提供樹蔭的樹木）的減少不只是樹蔭消失，能讓鳥棲息在樹上的安樂窩也隨著消失。

為了保護鳥類的棲息地與提升咖啡的品質，以及為了保存提供樹蔭的樹木，就有了蔭下栽種認證，也就是鳥類友好（Bird Friendly）。

---

[2] 譯註：此為韓國有機農認證的標章，logo 裡的文字分別為有機加工食品、農林畜產食品部。

❸ 公平貿易 FairTrade

以咖啡和可可的情況來說，大多數生產者的勞力被剝削，得到的酬勞卻很少時，就能透過公平貿易，將公平的報酬回饋給生產者，並提供消費者合乎道德的商品。像這樣在生產國和消費國之間進行貿易時，能管制不公正的貿易行為，讓彼此在同等的立場上交易，就稱為公平貿易。為了得到公平貿易的認證，就須遵守公平的勞動環境、直接交易、民主且透明化的機關營運等規範。

勞工能透過勞工協會或機關，在自由安定的勞動環境中獲得公平的報酬，並禁止僱用童工。此外，盡可能地讓消費者和生產者直接交易，限制中間人的壓榨，將透過公平貿易所產生的收益出處透明化，並由生產者決定收益要如何投資。

❹ 雨林聯盟認證 Rainforest Alliance Certified

雨林聯盟認證是為了保存生物的多樣性與增進生計，監測並驗證永續可能性的認證過程。雨

林聯盟認證為 1987 年 Daniel Katz 所設立的非營利團體，現在則是保存因濫砍濫伐或因地球暖化而被破壞的熱帶雨林，以及保護動物的一個制度，同時為了維護該地區勞動者的權利與福利等而活動。

❺ UTZ 認證 UTZ Certified

對於有永續可能性的農場與生產者，為了提供給他們更好機會，所設立的組織就是 UTZ。提供生產者更有效率且環保的農法教育，並提升生產條件，目的是讓生產者不只能照顧自己的家庭，也能顧慮到環境。不只是咖啡，可可和茶也同樣適用，目前獲得認證的永續咖啡中，有一半以上是 UTZ 的認證。為了得到 UTZ 認證，更好的農法與經營、安全且健康的工作環境、是否有保護環境等，會交由沒有利害關係的第三者來監視並完成評價。此外，UTZ 所認證的咖啡、可可或茶，從莊園到販賣的賣場都可以持續追蹤，讓消費者很容易就能確認栽培、收成及加工的方法。

● 相關網站：www.utzcertified.org

① 包裝生豆

加工後分類完成的生豆，會以一定的
量分裝再出口。基於透氣的考量，
大部分會裝在類似米袋的麻布袋
（Jute）中販售或保管。在移動中為
了防止變質，像精品咖啡等高級的咖
啡豆，會裝入真空袋中再輸出。平均
一袋為 60 至 70 公斤，依不同的生
產地會有所差異。巴西、衣索比亞、

肯亞等會以 60 公斤為單位；哥斯大黎加、薩爾瓦多、宏都拉斯等
中美地區是 69 公斤，哥倫比亞則為 70 公斤。

① 生豆的保管

炒過的咖啡豆新鮮度會急速下降，這麼說來，未炒過的生豆情況又是如何呢？雖然保存期限比原豆要長，但生豆也是一種農作物，時間越久品質越差，作為商品的價值就會降低，因此，保存時就要特別注意。

TIP 影響生豆新鮮度的要素

濕度

加工結束後，生豆中的含水量約為 10 至 13%；當含水量降到 8% 以下時，生豆就會像枯枝一般乾枯，失去咖啡原有的香氣；含水量達 20% 以上的生豆，則是容易發霉，還要擔心微生物繁殖，因此維持適當的含水量就很重要。儲存處的濕度如果太高或太低，生豆中的含水量會跟著改變，造成生豆變質，因此，要將濕度維持在 50 至 60% 較佳。

溫度

高溫會使生豆中的水分快速蒸發，建議將生豆保存在涼爽的 18 至 20℃的環境。

保存
期限

時間越久，生豆會因呼吸作用而漸漸消失香味，並變成黃色。還會開始出現枯枝、乾草等的乾枯味道，因此生豆盡量不要長時間保存。

咖啡的生產地

1. 中美洲和加勒比海

◆ 墨西哥 MEXICO

從 18 世紀後期開始種植咖啡,現在則占據全世界生產量的第八名。70％的地區都是在 400 至 1000 公尺高度的小規模農場栽種,並使用有機農法與蔭下栽種農法。咖啡豆有適當的酸味、口感柔和清澈,並帶有甜甜香氣,這種在高地生產的高品質咖啡,稱為奧圖拉(Altura)。

首都 墨西哥市(Mexico City)	主要栽培品種
面積 1,972,550 平方公里	波旁、鐵比卡、
收穫時期 10 月～3 月	卡杜拉等的阿拉比卡品種(90％)、
年度生產量 約 4,300,000 袋	部分的羅布斯塔品種(10％)
主要栽種地	分類基準(生產高度)
恰帕斯州(Chiapas)的塔帕丘拉(Tapachula)、	SHG(Strictly High Grown):1,700 公尺以上
維拉克魯斯州(Veracruz)的柯阿特佩克	HG(High Grown):1,000 ～ 1,600 公尺
(Coatepec)、瓦哈卡州(Oaxaca)的奧里薩	PW(Prime Washed):700 ～ 1,000 公公尺
巴(Orizaba)、菩盧馬(Pluma)	GW(Good Washed):700 公尺以下

◆ 瓜地馬拉 GUATEMALA

18 世紀中期，基督教的傳教士第一次將咖啡傳入，到了 19 世紀因移居的德國人才開始正式栽種。大部分的國土為火山地形或高地，主要種植在南部的安地卡（Antigua）、阿卡特南戈（Acatenango）、韋韋特南戈（Huehuetenango）等地。由於大西洋的海風與含有豐富礦物質的火山灰土壤，使得這裡的咖啡豆特色為帶有可可、隱約的花香、核果、柑橘類的清爽酸味。由瓜地馬拉咖啡協會（Anacafe）來管理並掌控咖啡產業。

首都 瓜地馬拉市（Guatemala City）
面積 108,890 平方公里
收穫時期 10 月～3 月
年度生產量 約 3,750,000 袋
主要栽種地
安地卡（Antigua）、阿蒂特蘭（Atitlan）、
阿卡特南戈（Acatenango）、
韋韋特南戈（Huehuetenango）
主要栽培品種
波旁、卡杜拉、卡杜艾、鐵比卡等

主要栽種地（生產高度）
SHB（Strictly Hard Bean）：1,400 公尺以上
HB（Hard Bean）：1,200 ～ 1,400 公尺
SH（Semi Hard Bean）：1,000 ～ 1,200 公尺
EPW（Extra Prime Washed）：900 ～ 1,000 公尺
PW（Prime Washed）：750 ～ 900 公尺
EGW（Extra Good Washed）：600 ～ 750 公尺
GW（Good Washed）：600 公尺以下

● 參考網站：www.anacafe.org

◆ 薩爾瓦多 EL SALVADOR

19 世紀中期，從宏都拉斯與古巴引進咖啡並開始栽種，由於有 20 多個火山，使得這裡擁有適合種植咖啡的自然條件，但複雜的政治狀況與長久以來的冷戰，造成咖啡產業無法興盛。在這樣的國家危機情況下，反而可以保有原生的品種，像是剛開始移植的波旁品種，目前的種植率就達 70% 以上，其餘則是帕卡斯和帕卡瑪拉。到了 20 世紀後半才成為國家基礎產業，現今栽種咖啡的農場已達全體總數的 12%，比起大規模的出口，更以優秀的品種流通活躍於精品咖啡市場。

和周邊相鄰的國家瓜地馬拉或宏都拉斯一樣，薩爾瓦多也是以生產高度來分類生豆，主要為水洗法加工，近來半日曬法和蜜處理法也逐漸增多。雖沒有鮮明強烈的香味，但融合了溫順與香甜的味道是其特色。

首都 聖薩爾瓦多（San Salvador）
面積 21,040 平方公里
收穫時期 10 月～3 月
年度生產量 約 1,175,000 袋
主要栽種地
西部的聖安娜（Santa Ana）、
中部的拉利伯塔德（La Libertad）、
東部的聖米格爾（San Miguel）、
烏蘇盧坦（Usulutan）

主要栽培品種
波旁、帕卡瑪拉、帕卡斯、卡杜拉等
分類基準（生產高度）
SHG（Strictly High Grown）：
1,200 ～ 1,800 公尺
HG（High Grown）：900 ～ 1,200 公尺
CS（Central Standard）：400 ～ 900 公尺

◆ 宏都拉斯 HONDURAS

宏都拉斯大部分為高地的山嶽地形，雖然火山灰土壤適合種植咖啡，但加工等基礎設施的不足，使得咖啡產業無法蓬勃發展。不過，由於宏都拉斯咖啡協會（IHCAFE，Instituto Hondureno Del Cafe）對農場管理者與生產者給予持續地教育，提升了咖啡的品質，使得精品咖啡的產量持續增長，往後就能有更好品質的咖啡產出。根據不同的區域，有些咖啡豆在香氣中帶有清爽甜味，也有部分地區生產的是帶有舒服酸味的咖啡。

首都 德古斯加巴（Tegucigalpa）	主要栽培品種
面積 112,492 平方公里	波旁、帕卡瑪拉、帕卡斯、卡杜拉等
收穫時期 10 月～ 4 月	分類基準（生產高度）
年度生產量 約 4,500,000 袋	SHG（Strictly High Grown）： 1,500 ～ 2,000 公尺
主要栽種地	HG（High Grown）： 1,000 ～ 1,500 公尺
聖巴巴拉（Santa Barbara）、	CS（Central Standard）： 900 ～ 1,000 公尺
科潘（Copan）、拉巴斯（La Paz）	
	● 參考網站：www.ihcafe.hn

◆ 尼加拉瓜 NICARAGUA

位於宏都拉斯與哥斯大黎加之間的尼加拉瓜，和鄰近的國家一樣，西部太平洋沿岸為火山帶，擁有適合種植咖啡的肥沃土壤與氣候。但在 1979 年的革命之後，由於土地再分配，使得咖啡的種植出現空白期，造成咖啡產量驟減。現在雖已大幅改善，但仍處於艱困的情況。20 世紀末，為了提高咖啡的品質，投注不少努力，並產出許多優秀的咖啡，大部分主要種植在中部與北部地區。

咖啡豆有少許明顯的酸味，香味清澈且豐富，和瓜地馬拉、墨西哥或肯亞的咖啡風味類似。

首都 馬拿瓜（Managua）
面積 130,000 平方公里
收穫時期 10 月～3 月
年度生產量 約 2,100,000 袋
主要栽種地
北部的新塞哥維亞（Nueva Segovia）、
希諾特加（Jinotega）、中部的馬塔加爾帕
（Matagalpa）

主要栽培品種
卡杜拉、波旁、帕卡瑪拉、
馬拉卡都（Maracaturra）、卡杜艾等
分類基準（生產高度）
SHG（Strictly High Grown）：
1,200 ～ 1,800 公尺
HG（High Grown）：900 ～ 1,200 公尺

◆ 哥斯大黎加 COSTA RICA

18世紀後半，咖啡從古巴傳入並開始種植，大部分的土地為火山土壤，加上氣候溫和，使得每平均面積的生產量高且品質優秀。國家禁止栽種羅布斯塔種，為了提高技術與品質，並且保護生產著、加工業者與出口業者，目前由國立咖啡研究所（ICAFE，Instituto del Cafe de Costa Rica）來執行相關業務。位於哥斯大黎加中部的首都聖荷西與南部的塔拉蘇（Tarrazu）地區，為代表性的生產區域，咖啡豆清澈且適中的酸味與甜味，在柔和的醇度與平衡度上表現得相當優秀。

首都 聖荷西（San Jose）

面積 51,100 平方公里

收穫時期 10月～3月

年度生產量 約 1,799,000 袋

主要栽種地

中央谷地（Central Valley）、

西部谷地（West Valley）、

塔拉蘇（Tarrazu）、特雷斯里奧斯（Tres Rios）、奧羅西（Orosi）、布倫卡（Brunca）、

瓜納卡斯特（Guanacaste）

主要栽培品種

鐵比卡、卡杜拉、卡杜艾、

薇拉沙奇（Villa Sarchi）、瑰夏等

分類基準（生產高度）

SHB（Strictly Hard Bean）：1,200 ～ 1,650 公尺

GHB（Good Hard Bean）：1,100 ～ 1,250 公尺

HB（Hard Bean）：800 ～ 1,100

MHB（Medium Hard Bean）：500 ～ 1,200 公尺

● 參考網站：www.icafe.go.cr

COSTA RICA

Guanacaste
West Valley
Central Valley
Tres Rios
San Jose
Orosi
Tarrazu
Brunca

◆ 巴拿馬 PANAMA

巴拿馬位於中美洲與南美洲銜接的位置，分別和北邊的哥斯大黎加、南邊的哥倫比亞接壤。19 世紀末期，由於移民來的歐洲人開始種植咖啡，含豐富礦物質的火山灰土壤、適當的日照量，加上海拔1500 公尺以上的高地地形，具備了適合種植咖啡的天然條件。主要產區為巴魯火山所在的博克特（Boquete）地區，巴拿馬的代表品種——瑰夏，年度出口量約占 1% 左右。

首都 巴拿馬市（Panama City）
面積 75,517 平方公里
收穫時期 12 月～ 3 月
年度生產量 約 120,000 袋
主要栽種地
西部的博克特（Boquete）、
巴魯火山（Volcan Baru）
主要栽培品種
卡杜拉、卡杜艾、瑰夏、鐵比卡、蒙多諾沃等

分類基準（生產高度）
SHB（Strictly Hard Bean）：1,200 ～ 1,800 公尺
HB（Hard Bean）：900 ～ 1,200 公尺

TIP 瑰夏

瑰夏是在衣索比亞西南部咖發（Kaffa）地區的瑰夏（Geisha）森林中所生長的咖啡原生品種。後來巴拿馬的唐帕契（Don Pachi）莊園，曾將一種具有抗病力的品種移植到巴拿馬，該品種就是瑰夏，當時並不清楚它的優點，直至 1993 年，翡翠莊園（Hacienda La Esmeralda）發現了瑰夏的特色，並在 2004 年的競賽豆杯測品嘗會（Best of Panama）獲得第一名之後，才揚名於全世界。有著複雜且華麗的花果香，豐富與清爽的酸味非常突出，因此又有「神的咖啡」的封號。

◆ 牙買加 JAMAICA

位於加勒比海的牙買加，因為生產一支名為「藍山」的咖啡豆而知名。雖然大部分的咖啡都種植在中東部的藍山山脈，但栽種在1200公尺以上高地的才能叫做藍山咖啡。1725年，從馬丁尼克島（Martinique）引進，開始在首都京斯敦的聖安德魯（St. Andrew）種植，再漸漸擴展到藍山山脈地區。20世紀中期，從英國獨立的牙買加，透過日本的投資加上牙買加咖啡產業委員會（JCIB，Jamaica Coffee Industry Board）嚴格且確切地管理生產量與品質，便獲得了「咖啡之王」的稱號。

由於藍山山脈的高地，地勢越高霧就越濃，故能調整日照量，使得生豆的密度變得結實。但要掛上「藍山」的封號，需在海拔1100公尺以上的高地種植，並在指定的工廠加工。80％以上的產量都出口至日本，其餘的再平均出口到全世界。由於出口量極少且非常珍貴，因此賣價相當高。

首都 京斯敦（Kingston）
面積 10,991平方公里
收穫時期 9月～3月
年度生產量 約30,000袋
主要栽種地
東部的聖安德魯（St. Andrew）、
聖托馬斯（St. Thomas）、波特蘭（Portland）、
聖瑪麗（St. Mary）
主要栽培品種
卡杜拉、藍山（Blue Mountain）

分類基準（生產高度、篩號）
High Quality 海拔 1,100公尺以上：
Blue Mountain No.1：SC 17～18
Blue Mountain No.2：SC16
Blue Mountain No.3：SC15
Low Quality：
High Mountain：1,100公尺以下
Prime Washed：750～1,000公尺
Prime Berry：750公尺以下

2. 南美洲

◆ 哥倫比亞 COLOMBIA

19 世紀初期，歐洲傳教士經過委內瑞拉（Venezuela）將咖啡傳入，並開始種植，進入 20 世紀後，便躍升為世界第三大的咖啡生產國。咖啡的種植主要以安地斯山脈為中心，有著肥沃的火山灰土壤、適當的降水量與日照量等適合栽種的環境條件。哥倫比亞全區都位在咖啡帶，一年依主要收成期和次要收成期可收成兩次。主要收成期的產量與品質都相當優秀，雖然不像非洲的咖啡有著強烈的香氣，但豐富的酸味與柔和的果香，被廣泛使用在單一豆或混合豆。哥倫比亞主要多為水洗法加工，又稱為溫和咖啡（Mild Coffee），在紐約咖啡期貨市場中最具代表性的水洗法加工咖啡，就是將哥倫比亞、肯亞、坦尚尼亞所產的品種，分類為「Colombia Mild」來販賣。

首都 波哥大（Bogota）

面積 1,141,748 平方公里

收穫時期 9 月～ 1 月（3 ～ 6 月）

年度生產量 約 7,800,000 袋

主要栽種地

麥德林（Medelin）、馬尼薩萊斯
（Manizales）、亞美尼亞（Armenia）、
波帕揚（Popayan）、納里尼奧（Narino）、
烏伊拉（Huila）

主要栽培品種

鐵比卡、波旁、卡杜拉、哥倫比亞、
卡斯提優（Castillo）等

分類基準（篩號）

Supremo：SC 17 以上

Excelso：SC14 ～ 16

U.G.Q（Usual Good Quality）：
SC13（禁止出口）

Caracoli：SC12（禁止出口）

◆ 巴西 BRAZIL

巴西不只有適合栽種咖啡的氣候，還有便宜且充沛的勞工，占全世界總產量的 30 至 35%，也擁有世界第一咖啡生產國的名號。和其他生產國相比，主要在稍低的海拔 900 至 1200 公尺高的小規模農場種植，多沿著東南部的海岸栽種，目前米納斯吉拉斯州（Minas Gerais）即占了 51%，為最大的生產地區。產量的 85% 為阿拉比卡的波旁、鐵比卡、蒙多諾沃等多樣品種，主要使用乾燥法加工、半日曬法，咖啡豆特色是具有香濃的堅果味，以及類似黑巧克力的厚重甜味。

18 世紀初期，經由法屬圭亞那（Guiana）傳入波旁品種，經過百年後開始正式生產。進入 20 世紀後，為了提升品質，設立了巴西精品咖啡協會（BSCA，Brazil Specialty Coffee Association），為改善咖啡品質與設施傾注了不少努力。此外，並舉行咖啡卓越杯（Cup of Excellence）大會，每年找尋出南美洲地區高品質的咖啡，被選拔上的咖啡透過拍賣都能賣得高價。

首都 巴西利亞（Brasilia）
面積 8,514,877 平方公里
收種時期 5 月～9 月
年度生產量 約 43,484,000 袋
主要栽種地
巴伊亞州（Bahia）的查帕達（Chapada）、
米納斯吉拉斯州（Minas Gerais）的南米那
斯（Sul de Minas）、伊帕內馬（Ipanema）、
蒙特阿萊格雷（Monte Alegre）、聖保羅州
（San Paulo）的摩吉安（Mogiana）
主要栽培品種
波旁、卡杜艾、阿凱亞（Acaia）、蒙多諾
沃等
分類基準（篩號、瑕疵數）
No.2：4 個以下、Strictly Soft
No.3：12 個以下、Soft
No.4：26 個以下、Softish
No.5：46 個以下、Hard
No.6：86 個以下、Hardish

BRAZIL

Bahia

Brasilia　Minas Gerais

Espirito Santo

Sul de Minas

San Paulo

Cerrado

3. 非洲

◆ 肯亞 KENYA

19世紀後半，將咖啡從衣索比亞移植過來之後，由政府所屬機關肯亞咖啡理事會（CBK，Coffee Board of Kenya）進行品種開發與技術教育等，積極地支援咖啡產業，成為非洲代表性的咖啡生產國之一。全國大部分為1500公尺以上的山地，擁有適合種植咖啡的自然環境，雨季為3至5月、10至12月，一年兩次的雨季都能收成咖啡。10月以後為主要收成期（Main Crop），不但咖啡豆品質好且產量占整體的60%，3月間的收成期則為次要收成期。SL28與SL34為主要品種，特色是具有厚重的醇度與類似紅酒的酸味。

首都 奈洛比（Nairobi）
面積 582,650 平方公里
收種時期 10月～2月（4月～6月）
年度生產量 約680,000 袋
主要栽種地
肯亞山（Kenya Mountain）、
埃爾貢山（Elgon Mountain）、納庫魯（Nakuru）

主要栽培品種
SL28、SL34、魯依魯11（Ruiru 11）等
分類基準（篩號）
AA：SC18
A：SC17
AB：SC15～16
C：SC14

KENYA

Bungoma
Nakuru
Nyeri
Kenya Mt.
☆
Nairobi

◆ 盧安達 RWANDA

1904 年經由德國的傳教士將咖啡引進至盧安達，1990 年代末期，由於大屠殺和內戰使得國家幾乎垮台，美國為了支援重建盧安達，於 2000 年開始進行珍珠計畫（PEARL，Partnership to Enhance Agriculture in Rwanda Linkages）。透過珍珠計畫，設置水洗法加工的處理場，開始生產品質更好的咖啡，並針對土質改善、提高抗病力等，進行全方位農業知識與技術的教育。珍珠計畫成功之後，2006 年開始第二次的 SPREAD 計畫（SPREAD：Sustaining Partnership to enhance Rural Enterprises and Agribusiness Development），為了改善經濟投注不少努力。之後於 2008 年舉辦非洲第一次的咖啡卓越杯大會。盧安達咖啡的特色是有柔和且飽和的香味，還能品嘗出隱約的莓果類香氣。

首都 吉佳利（Kigali）	主要栽種地
面積 26,388 平方公里	均勻分布於全國
收種時期 3 月～ 8 月	主要栽培品種
年度生產量 約 230,000 袋	波旁、卡杜拉、卡杜艾等

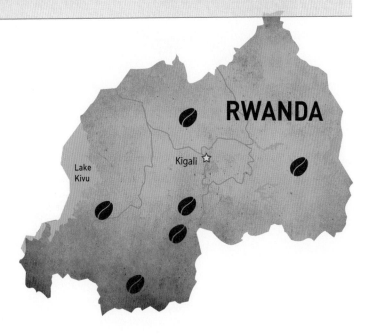

◆ 衣索比亞 ETHIOPIA

衣索比亞為阿拉比卡咖啡的發源地，直至目前為止，仍維持以傳統的農法栽種原生咖啡。衣索比亞為非洲最大的咖啡生產國，平均高度約為 1300 至 1800 公尺，年度降水量為 1500 至 2500 公釐，氣溫維持在 15 至 25℃，有著最適合種植咖啡的環境條件。其中耶加雪夫（Yirgacheffe）為 2000 公尺以上高地種植的咖啡，被認證為最高等級，特色是有豐富花香及清爽酸味。

首都 阿迪斯阿貝巴（Addis Ababa）

面積 1,104,300 平方公里

收穫時期 10 月～ 12 月

年度生產量 約 6,500,000 袋

主要栽種地

西達摩（Sidamo）、耶加雪夫（Yirgacheffe）、哈勒爾（Harrar）、利姆（Limu）、吉馬（Djimmah）

主要栽培品種

各式各樣阿拉比卡的原生品種

分類基準（瑕疵數）

Grade 1：Washed、3 個以下

Grade 2：Washed、4 ～ 12 個

Grade 3：Natural、13 ～ 25 個

Grade 4：Natural、26 ～ 45 個

Grade 5：Natural、46 ～ 100 個

TIP 衣索比亞的栽種方式

1）森林咖啡（Forest Coffee） 在衣索比亞蔥鬱森林中所採收的野生咖啡，由於是以野生的方式種植生長，自生能力強因此收穫量較高，占有衣索比亞總產量的 10%。

2）半森林咖啡（Semi Forest Coffee） 和森林咖啡一樣在森林中生長，但為了提高產量，會將咖啡樹周邊的雜草清除，並進行剪枝，以及調節日照量等的方式種植，占總產量的 36%。

3）庭園咖啡（Garden Coffee） 利用一半以上的土地，將農場周邊的庭園用來種植咖啡的方法。

4）種植園咖啡（Plantation Coffee） 在富農的所有地或大規模的農場中生產，因為大部分是以研究為目的，只占總產量的 10%。

◆ 蒲隆地 BURUNDI

西邊為剛果，北邊為盧安達，東邊則為坦尚尼亞，位在這些國家之
間的蒲隆地，是被稱為「小瑞士」的優美高地國家。全國整體的高
度在 772 至 1670 公尺之間，為接近赤道的熱帶氣候，高地的高度
越高溫度就越低，因此適合種植咖啡。

進入 20 世紀初期後，因比利時的殖民統治者才開始栽種，目前約
有 80 萬個農場栽種咖啡。全國有超過 90％的人口從事農業，咖
啡為代表性的出口商品。最頂級的咖啡出口品為「恩戈馬咖啡」
（Ngoma Coffee），因蒲隆地知名的打擊樂器傳統鼓「恩戈馬」而
得名。蒲隆地的咖啡豆外觀較大，有著清爽熱帶水果的酸甜，特色
是帶有溫和的酸味，並從 2012 年開始參加咖啡卓越杯大會。

首都 布松布拉（Bujumbura）
面積 27,830 平方公里
收種時期 2 月～6 月
年度生產量 約 187,000 袋
主要栽種地
北部的恩戈齊（Ngoji）、卡揚札（Kayanza）
主要栽培品種
波旁、傑克遜（Jackson）等

◆ 坦尚尼亞 TANZANIA

以吉力馬札羅山為中心，坦尚尼亞的南邊為肯亞，主要在北邊吉力
馬札羅山的山腳與西南部地區種植咖啡。剛開始從剛果與加彭引進
羅布斯塔來種植，第一次世界大戰後，產量急速增加，整體的90%
以上都在小規模的農場栽種，阿拉比卡（75％）和羅布斯塔（25％）
皆有生產。大部分採用水洗法加工，生豆比肯亞的要來得大且扁平。
有著優質的清爽酸味，醇度雖然稍嫌薄弱，但清澈度和平衡感是其
優勢。

首都 杜篤瑪（Dodoma）	主要栽培品種
面積 945,087平方公里	波旁、肯特等
收穫時期 7月～2月	分類基準（篩號）
年度生產量 約534,000袋	AA：SC18以上
主要栽種地	A：SC17
北部的莫希（Moshi），	B：SC16
西部的坦干伊喀（Tanganyika）湖、	C：15
南部的尼亞薩（Nyasa）湖	PB：Peaberry

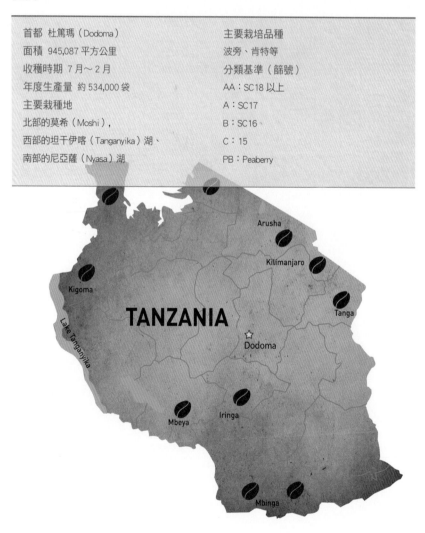

4. 亞洲

◆ 印度 INDIA

葉門傳說中的聖人巴巴布
丹（Baba Budan）將咖啡
帶至印度，1990年市場
自由化之後，產量開始急速成
長。利用柳橙、香草等植物作為
耐蔭樹，選在坡度陡斜的地區能防
止土壤流失，並能提供豐富的養分。
利用水洗法、乾燥法還有季風風漬法
來加工，這是印度南部到了吹起季風的雨季時期，利用高濕度使生豆熟
成的方法，如此製成的季風咖啡豆（Monsooned Coffee）帶有獨特香味，
為印度特有的咖啡。印度最高級的阿拉比卡咖啡為麥索金磚（Mysore
Nuggets Extra Bold），生豆的大小為19篩號以上，特色是酸味適中，後
味帶有複雜微妙的香料味道。印度最高級的羅布斯塔咖啡則為皇家孔雀
（Kaapi Royale），被選為水洗法羅布斯塔AB中品質最好的一支，柔順
的風味屬於最頂級的羅布斯塔。

首都 新德里（New Delhi）	分類基準（篩號）
面積 3,166,414 平方公里	精品咖啡
收穫時期 10月～2月	Mysore Nugget Extra Bold（水洗法）
年度生產量 約 5,333,000 袋	Monsooned Malabar AA（乾燥法）
主要栽種地	Kaapi Royal（水洗法羅布斯塔）
南部地方的卡納塔克（Karnataka）州	水洗法加工
喀拉拉（Kerala）州的馬拉巴（Malabar）地區	Plantation AA（SC17）、Plantation A（SC16）
泰米爾納德（Tamil Nadu）州的尼爾吉利斯	Plantation C（SC14）
（Nilgiris）	乾燥法加工
主要栽培品種	Cherry AA（SC16）、Cherry AB（SC15）、
肯特、卡杜拉、S795等的阿拉比卡品種	Cherry C（SC14）
（40%）、羅布斯塔品種（60%）	

◆ 印尼 INDONESIA

印尼由 17500 個島嶼所組成，最適合生產咖啡的地區以西部的蘇門答臘（Sumatera）島、南部的爪哇（Java）島和東部的蘇拉威西（Sulawesi）島最具代表性。17 世紀中期，荷蘭人將咖啡樹移植至此，現在年度生產量約為 30 萬噸左右，排名第四至第五，算是產量多的國家。

這裡具有適合咖啡樹生長、含豐富礦物質的火山地形，19 世紀中期，咖啡葉鏽病使所有的咖啡農場受到波及，之後便開始種植羅布斯塔，目前一年的產量中有 90％為羅布斯塔。阿拉比卡的產量雖少，但特色是帶有獨特的泥土味，以及強烈的香料香氣。

首都 雅加達（Jakarta）	主要栽培品種
面積 1,904,569 平方公里	鐵比卡、卡杜拉、波旁、卡蒂姆、S795、臻
收穫時期 5 月～ 10 月（南部）／	柏（Jember）等
10 月～ 3 月（北部）	分類基準（瑕疵數）
年度生產量 約 8,250,000 袋	Grade 1：11 個以下
主要栽種地	Grade 2：12 ～ 25 個
蘇門答臘島的亞齊（Ache）、	Grade 3：26 ～ 44 個
迦佑山（Gayo Mountain）、	Grade 4a：45 ～ 60 個
曼特寧（Mandheling）、林東（Lintong）、	Grade 4b：61 ～ 80 個
爪哇（Java）島、蘇拉威西島的托拿加（Toraja）	Grade 5：81 ～ 150 個
	Grade 6：151 ～ 225 個

印尼知名的稀有咖啡——麝香貓咖啡，是將名為椰子貓（Asian Palm Civet）的麝香貓吃過再排泄出來的咖啡果實收集加工而成。麝香貓為雜食性動物，不只會吃小動物，也會吃成熟的  水果和咖啡果實，但咖啡種子無法消化，原封不動地被排出，經過消化器官後將蛋白質分解，就會形成獨特的香味。由於產量不多，因此賣價很高，但有越來越多的農場捕捉麝香貓，並強迫餵食咖啡果來取得咖啡，使得麝香貓咖啡的品質降低，還有連帶造成的虐待動物問題，也逐漸引起重視。

◆ 越南 VIETNAM

透過法國傳教士首次將咖啡樹帶入越南後，1800 年代中期及後期，開始種植阿拉比卡咖啡；1970 年代，越南戰爭結束後，政府開墾中央的高山地帶，開始大規模栽種羅布斯塔咖啡。目前為世界第二大生產量，為主要的羅布斯塔生產國，提供全世界作混合豆使用，以及即溶咖啡的原料。咖啡豆的特色是有少許豐富的香味與柔順和諧的味道。

首都 河內（Hanoi）
面積 330,341 平方公里
收穫時期 10 月～ 4 月
年度生產量 約 20,000,000 袋
主要栽種地
南部的得樂（Dak lak）、
同奈（Dong nai）、林同（Lam dong）等
主要栽培品種
羅布斯塔品種（95%）、
部分的阿拉比卡品種（5%）
分類基準（篩號、瑕疵數）
Grade 1A：SC16 ～ 18、30 個以下
Grade 1：SC13 ～ 16、60 個以下
Grade 2：SC12 ～ 13、90 個以下
※ 以羅布斯塔為基準

◆ 葉門 YEMEN

葉門將咖啡從衣索比亞移植過來後，直到目前為止仍以傳統的方式種植。葉門的摩卡港雖然目前已無營運，但它曾是國際級的咖啡貿易港口。咖啡主要栽種在葉門中央山嶽地帶的坡地，用獨特方式製作的梯田上，由於地形多山，水源珍貴，主要會使用乾燥法加工。除了咖啡，還有直接將咖啡果實煮來喝的「基西」（Gishr）茶。

得到世界三大名牌咖啡認證的葉門摩卡馬塔里（Yemen Mocha Mattari），咖啡豆較小且結實，是有著豐富水果香與厚重口感的優秀咖啡。但由於咖啡產業未受到國家支援，發展緩慢，目前仍未加入國際咖啡協會（ICO，Internatinal Coffee Organization）。

首都 沙那（Sanaa）	主要栽培品種
面積 527,968 平方公里	鐵比卡、原生種等
收穫時期 6 月～ 12 月	分類基準（瑕疵）
主要栽種地	1 級：Matari
瑪他力（Mattari）、希拉齊（Hirazi）、	2 級：Sharka
扎瑪爾（Dhamar）	3 級：Sanani

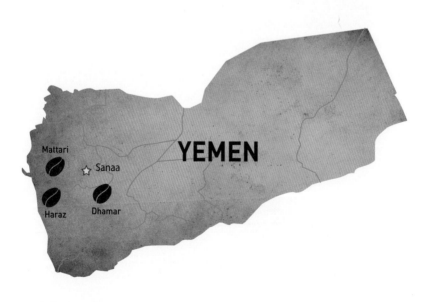

5. 大洋洲與太平洋沿岸

◆ 澳洲 AUSTRALIA

18 世紀後半，運送罪犯的英國船艦停靠在雪梨，將巴西帶來的咖啡傳入後，便開始栽種，選擇了與巴西氣候相似的區域，初期便是種在新南威爾斯（New South Wales）的北部。到了 19 世紀中半，才開始正式種植咖啡；19 世紀末期，原本供應咖啡給英國本國的斯里蘭卡，因咖啡葉鏽病的緣故，大部分的農場都已荒廢，澳洲便因此躍升為咖啡的替代供給地。

但由於第一次世界大戰，不安的國際情勢與上漲的人工費用，使得咖啡產業開始走下坡。進入 20 世紀後半，種植咖啡的農場逐漸增多，1980 年後，消費量增加才使得咖啡被認證為經濟作物。政府與農業相關機構鼓勵全國種植咖啡，並從巴西進口咖啡收割機，使得生產量和收穫量都大幅增加。此後，持續地進行研究開發，目前正自行製造最高品質的收割機。和其他咖啡產國相比，約 15 至 900 公尺的土地並不算高地，但生產的咖啡豆有著如巧克力般的豐富甜味，以及鮮明的酸味。

首都 坎培拉（Canberra）
面積 7,690,000 平方公里
收種時期 6 月～ 10 月
主要栽種地
新南威爾斯的北部、
昆士蘭（Queensland）中部與西南部
主要栽培品種
卡杜艾、蒙多諾沃、鐵比卡、波旁等

◆ 巴布亞紐幾內亞 PAPUA NEW GUINEA

位於澳洲北邊的巴布亞紐幾內亞，為適合種植咖啡的亞熱帶氣候，全年氣溫與降雨量皆高，並且會受到季風氣候的影響。巴布亞紐幾內亞全國都為高山地帶，大多數的農場位在森林開墾地，實際上難以到達，且不易運送農藥和肥料，因此便改以有機農法來種植。高地主要生產高品質的阿拉比卡，最近地勢低的部分海岸地區，也開始種植羅布斯塔。咖啡主要種植地區為內陸西高地省（Western Highlands）的芒特哈根地區，以及東高地省（Eastern Highlands）的戈羅卡地區。生豆主要以水洗法加工再自然乾燥，香味柔和且酸味明顯。代表性的咖啡為西革里（Sigri）與阿羅納（Arona）。西革里咖啡為西高地省維基谷地（Waghi Valley）所生產，特色是有豐富的的花香，以及輕盈清爽的酸味與和諧的甜味。阿羅納咖啡種植於東高地省海拔 1700 至 1800 公尺的阿羅納地區，特色是有著如紅酒般重厚的果香以及甘甜的酸味。

首都 莫士比港（Port Moresby）	主要栽培品種
面積 460,000 平方公里	鐵比卡原生種、阿露莎（Arusha）、藍山、蒙
收種時期 4 月～9 月	多諾沃等
年度生產量 約 1,415,000 袋	分類基準（篩號）
主要栽種地	AA（SC18 以上）、A（SC17）、AB（SC16）、
芒特哈根（Mount Hagen）、戈羅卡（Goroka）、	B（SC15）、C（SC14 以下）
凱南圖（Kainantu）	

Mount Hagen

Goroka

Kainantu

PAPUA NEW GUINEA

Port Moresby

◆ 夏威夷 HAWAII

夏威夷是由最大的島「大島」等共 8 個島嶼所組成。排水佳的火山灰土壤與固定的降雨量，使得生產的咖啡豆具有濃郁且豐富的香味。大島中央為兩座超過 4000 公尺的火山，其中一座位於科納地區的冒納羅亞火山（Mauna Loa），在其斜坡上種植了高品質的科納（Kona）咖啡。

與牙買加藍山以及葉門摩卡馬塔里並列世界三大咖啡的夏威夷科納咖啡，帶有柑橘類的香氣與柔和的酸味，清澈的後味為其特色，但由於種植面積不大，要找到百分之百的夏威夷科納並不容易。

首都 檀香山（Honolulu）	主要栽培品種
面積 28,337 平方公里	鐵比卡、摩卡、卡杜艾、蒙多諾沃、藍山等
收種時期 9 月～ 1 月	分類基準（篩號、瑕疵數）
年度生產量 約 1,415,000 袋	Kona Extra Fancy：SC19、瑕疵數 10 個以內
主要栽種地	Kona Fancy：SC18、瑕疵數 16 個以內
科納（Kona）、摩洛凱（Molokai）、	Kona Caracoli No.1：SC10、瑕疵數 20 個以內
茂宜（Maui）、考艾（Kauai）	Kona Prime：瑕疵數 25 個以內

Kauai

Oahu
Honolulu

Molokai

Maui

HAWAII

Kona
Hawaii

咖啡因

咖啡是全世界不少人愛喝的嗜好性飲料，但現代人對於大量飲用咖啡是否會影響健康，也投注不少關心。關於咖啡中什麼樣的成分會影響健康，或有怎麼樣的效果等等，持續都有相關的研究報告問世。

✐ 咖啡因的真相

咖啡成分中最受到爭議的就是咖啡因（Caffeine）。人們喝咖啡最大的原因是感到疲倦，為了提高工作效率才喝，因為咖啡因具有振奮效果。咖啡因不只存在於咖啡中，也存在於清涼飲料、巧克力、綠茶等各種飲食中。不過，有些人只要喝了一杯，心跳就會變得很快，或是出現晚上無法入眠的症狀，這是因為每個人對於咖啡因的敏感度不同的緣故，因此，才會有許多關於咖啡因的效果與毒性的研究出現。要清楚知道自己所喝的飲料中咖啡因的含量，並明確掌握自己對咖啡因的敏感度，再攝取適當的分量，這樣才是健康且聰明的方法。

1. 咖啡因的效果

咖啡因是一種呈現苦味的白色結晶體，屬於黃嘌呤（methylxanthines）類的植物體中的生物鹼，主要存在於咖啡、茶、可可、瓜拿納果實的葉子與種子中。咖啡因能防蟲害，具有預防有害微生物與細菌污染的抗菌效果，有助於植物順利生長。

咖啡因能刺激人體的中樞神經，暫時趕走睡意並提振精神，產生減少疲倦感的振奮效果。但心跳次數會稍微增加，並使血壓上升，對咖啡因敏感的人，就會有心跳加快或手抖等的情況出現。如果攝取了 10 克以上的咖啡因，就到達致死量，相當於短時間內喝下 100 杯以上咖啡的分量。（原豆咖啡一杯約含有 75 至 100 毫克的咖啡因）

正面的效果	• 能加強振奮效果減少疲倦感。
	• 能加速分解體脂肪，提高基礎代謝率，促進肌肉活動。
	• 增加乙醯膽鹼（Acetylcholine）神經傳導物質，具有提高集中力、學習與記憶力的效果。
	• 與降低 2 型糖尿病與帕金森氏症的風險有相關性。
負面的效果	• 妨礙睡眠。
	• 影響鈣質的吸收。
	• 促進胃酸分泌，增加胃部疾病的風險。
	• 過度攝取時，會有手抖等細微的動作，調節能力變差。
	• 高血壓患者過度攝取時，可能會增加多發梗塞性癡呆症、腦中風等心血管疾病的風險。

2. 低咖啡因咖啡

咖啡因雖然有暫時驅睏、提振精神，以及增加記憶力等效果，但如果過度飲用或對咖啡因敏感的人，反而會成為妨礙健康的因素。因此，便有人開始研發去除咖啡因的方法，以 EU 標準來說，要去除 99% 以上的咖啡因，才算低咖啡因咖啡（Decaffeinated Coffee）。

① 羅賽魯斯法 Roselius Process
由 1903 年德國的羅賽魯斯（Ludwig Roselius）所開發，也是商業上首個去除咖啡因的方法。將生豆用蒸氣蒸過，再使用酸或鹼來去除

咖啡因，主要使用的是苯（Benzene）。以這種方式生產的咖啡豆稱為 Cafe Sanka，一開始在歐洲販賣。不過考量到苯的有害性，目前並無使用。

② 瑞士水處理法 (Swiss Water Process)

Swiss Water Decaffeinated Coffee Company 所開發的方法，只去除咖啡因，並且不太會影響咖啡香氣的損失，因而廣為流傳。進行這個方法時，需要一種稱為生豆萃取物（GCE，Green Coffee Extract）的溶液，這是先將生豆泡入熱水中，將咖啡因以及咖啡豆中的水溶性物質溶解出來，之後用活性炭（Carbon filter）過濾溶液，只去除咖啡因，讓其他的水溶性成分直接通過，製作出來溶液就稱為生豆萃取物。將要去除咖啡因的生豆泡入生豆萃取物中，咖啡因就能被浸泡出來。由於溶液中除了咖啡因以外的水溶性成分已達飽和狀態，泡入的生豆其水溶性成分就不會被萃取出來。然後將生豆萃取物利用活性炭過濾，再泡入生豆，依此反覆進行，直到去除 99％ 以上的咖啡因。之後再將生豆乾燥，就是只去除掉咖啡因，並維持大部分香氣的咖啡。

③ 三酸甘油脂法 (Triglyceride Process)

將生豆泡入熱水或咖啡溶液中，先將生豆表面的咖啡因溶解出來，再泡入從咖啡粉萃取出的咖啡油中。高溫中經過幾小時後，咖啡的脂肪成分就會藉由三酸甘油脂將咖啡因分離出來，再將去除好咖啡因的生豆從咖啡油中取出並乾燥。

④ 二氧化碳處理法 (CO_2 Process)

這個方法也稱為超臨界流體萃取法（Supercritical fluid extraction），是使用高壓的二氧化碳來分離咖啡因的方式。首先利用蒸氣預先處理好生豆，再泡入 70 氣壓以上的高壓與 300℃ 以上高溫狀態的超

臨界二氧化碳中。生豆泡入液化的二氧化碳中後，咖啡因就會溶解分離出來。這種方式不會用到有害物質，而是使用同時具有液體與氣體特性的超臨界狀態的流體，而且咖啡因很容易就被溶解出來，是其優點。

⑤ 直接處理法 (Direct Process)

直接處理法是指將生豆直接接觸溶劑，以去除咖啡因的方法。首先將生豆蒸 30 分鐘後，以二氯乙烷或乙酸乙酯溶劑沖洗，將咖啡因去除。清除生豆上的溶劑後，再用水蒸氣蒸烤 10 小時，將殘留的溶劑清除乾淨。

⑥ 間接處理法 (Indirect Process)

間接處理法和直接處理法很類似，但溶劑不會直接接觸生豆。
首先將生豆泡入熱水中數小時，萃取出其中的成分後將生豆撈出，在留下的水中加入二氯乙烷或乙酸乙酯，以分離出咖啡因。分離完咖啡因的水，再以相同方式放入其他生豆，浸泡出成分後再撈出，再加入溶劑分離出咖啡因，依此反覆進行。透過幾次的作業，液體中的成分已達飽和狀態，為了維持平衡，儘管再放入生豆，味道或香氣成分都無法再釋放出來，因此對於咖啡香氣的損失影響較小。

好咖啡的基準——杯測

由於無數變數的存在都會影響咖啡的香氣和味道，
加上每個人的感受有所不同，要單純地定義咖啡的味道並不容易。
因此，職業是專業經手咖啡的人，
就必須要有客觀評價咖啡的味道與香氣的能力。

咖啡的品質

ⓘ 好喝的咖啡？

究竟怎麼樣的咖啡才是好喝的咖啡？這不是簡單就能回答的問題。
咖啡的味道與香氣，會因為品種、地區、土壤、氣候、加工方式、
烘焙方法與過程、研磨粗細、萃取方式等無數的變數而有所不同，
再加上個人喜好這個無法掌控的變數，好喝的咖啡就無法簡單加以
定義。

ⓘ 評價咖啡品質的目的

一般單純享用咖啡的人，只要找到自己喜歡的咖啡即可，但管理咖
啡品質的人、咖啡研究者、烘焙師、咖啡師甚至到生豆買家，這類
專業經手咖啡的人，就需要客觀評價的能力。為了對咖啡的香氣與
味道做出感官上的評價，持續訓練自己感覺的敏銳度就很重要。
咖啡品質的評鑑雖然可分為多種領域與各種不同的情況，但大致上
以掌握生豆的狀態或確認產品的品質，這兩方面來進行。

1. 生豆品質的評鑑

在自家烘焙咖啡店或原豆加工工廠等商家購買時，為了評價生豆品
質而進行的過程。

測試咖啡香味

生豆瑕疵分類

購買前先領取預計要用的生豆樣品,經過外觀與感官檢驗,評價生豆的味道與香氣,是否適合製作要生產的產品,以及判斷是否符合預算,再決定購買與否。因為要先判斷生豆本身的品質,才能將外部因素(烘焙程度、烘焙時間等)的影響減到最小,並依照制定好的基準來進行評價。

2. 產品品質的評鑑

評價完生豆的品質後,會進行烘炒引出生豆最佳的風味,再以各式各樣的方法來萃取。評價產品的品質時,會以實際上生產並販賣的狀態來評斷,才能讓顧客享用到一致且高品質的咖啡。

由於顧客接觸到的咖啡已是在賣場販售的飲料狀態,因此供應咖啡的地方就要經常測試顧客所喝咖啡的味道與香氣。依照賣場的食譜所萃取出的滴濾式咖啡、義式濃縮、美式咖啡、咖啡拿鐵等基本飲料,就不能依自己的喜好,而是要以客觀的標準來評價。

生豆的品質

我們所喝的咖啡會因烘焙以及萃取法的不同,而呈現各式各樣的味道與香氣。但再往前追溯的話,成為一杯咖啡之前,生豆的狀態就已經存在了。當然烘焙或萃取法會造成香氣的差異,但主原料生豆的品質,對於萃取出的咖啡香氣影響更大。生豆本身的品質優秀的話,儘管烘焙或萃取方式不同,整體品質的表現仍屬優秀,因此,就需要先確認生豆的外觀品質狀態。

① 生豆的臉，外觀檢查

檢查外觀是檢驗生豆物理上的狀態，確認品質為何的步驟。

 水分　加工結束後的生豆，適當的水分約為 10 至 13%。含水量高的話，容易繁殖微生物，就會破壞香味或發霉；相反地，水分驟減至 7%以下的話，生豆中有機物質的水分會一起消失，豐富的香氣與酸味也會不見，而呈現乾燥枯枝的味道。

 顏色　剛收成的生豆是帶著青翠的草綠色，隨著放置的時間越長，水分就越少，就會漸漸從綠色→淡綠色→黃色。如果開始熟成變成陳年豆（Aged），生豆就不是黃色而是褐色。

 氣味　生豆帶有一種獨特的強烈青草味，如果不是生豆本身的香味，就要確認是否為霉味或消毒水等的異臭。出現異臭的話，就代表是發霉或吸附了周邊令人不舒服的味道，即使萃取後，咖啡在香氣的表現上也會不佳。

 大小　利用各種大小孔洞的篩子（Screener）來測量生豆大小，即為篩號。測量生豆大小的單位為篩號，篩號 1 為 1/64 英寸（約為 0.39 公釐）。

 均勻度　生豆的外觀如顏色、形狀、大小等，最好是均勻狀態。外觀均勻的話，乾燥狀態或生豆的品質就會比較類似，烘焙時才能烘炒均勻。

瑕疵　瑕疵（Defect）是指生豆因各種因素，而使內、外部變質的現象。不只外觀不好看，萃取出的咖啡香味也會變質，讓人喝了有不舒服的感覺。

⚀ 各式各樣的生豆瑕疵

生豆在種植或加工時，會因為發酵、吸附異味、雜質、生豆損傷等各種原因，對香味造成不好的影響。

1. 黑豆 BLACK BEAN

Full Black Bean   Partial Black Bean

主要在種植或加工中過度發酵，受到微生物的影響，使得生豆變成黑色。以變黑的程度來區分，生豆變色達一半以上的話，稱為全黑豆（Full Black），一半以下為局部黑豆（Partial Black）。混入黑豆的咖啡萃取後，會有刺鼻的酸味、難聞腐臭的霉味。

2. 酸豆 SOUR BEAN

Full Sour Bean   Partial Sour Bean

酸豆和黑豆一樣，是指在種植或加工時過熟而發酸的生豆。刺鼻的發酵臭會讓人感到不舒服的酸味，因此稱為酸豆。變酸的生豆會變成黃色，整顆變色的稱為全酸豆（Full Sour），變色一半以下的則為局部酸豆（Partial Sour）。

3. 黴菌破壞豆 FUNGUS DAMAGE

Fungus Damage Bean

生豆暴露在高濕度的情況下，會利於黴菌孢子滋生。尤其是裂開或被蟲子啃蝕過，生豆的細胞暴露在外，就會長更多霉菌，引起難聞的霉味、土味、酸味等。

4. 雜質 FOREIGN MATTER

所有非生豆的物質（樹枝、石子、紙、鐵片等）都歸類為雜質，在加工或分類過程中，沒有完全挑出而混入其中。可燃燒的雜質在烘焙時，冒出的煙或異味會吸附在咖啡豆上，不可燃燒的物質雖然不太會影響味道，但可能會損壞機器，或飲用時引起健康上的問題。

Foreign Matter

5. 乾咖啡果 DRIED CHERRY, POD

生豆要經過將咖啡果去殼、去果肉，或是直接乾燥後再脫殼等各種加工過程。特別是在乾燥法加工時，乾燥的咖啡果沒有完全脫殼而混入其中，此時就會有果肉的發酵臭味、霉味、消毒味等。

Dried Cherry

Parchment

6. 內果皮豆 PARCHMENT

指包覆在生豆外堅硬的內果皮，在脫殼的過程中沒有完全被去除。烘焙時內果皮燃燒所冒的煙和味道，會附著在生豆上，使得整體有燒焦的味道。

Hull, Husk

7. 外殼 HULL, HUSK

連著外果皮和內果皮一起脫殼後，沒有完全挑出外殼，而混入其中。
和內果皮一樣，烘焙時很容易燒焦，就會有外殼殘留的土味、霉味、發酵臭味等。

8. 未成熟豆 IMMATURE

未完全成熟的咖啡果收成後沒有仔細分類，使得未成熟的生豆混入其中。即使烘焙後，沒有充分烘炒變成白目豆（Quaker）的話，就跟吃不熟的豆子一樣，會有刺刺的草味及澀味。

Immature

9. 浮豆 FLOATER

咖啡果在乾燥時或保存生豆的過程中，濕度過高，會使生豆的顏色褪成白色，且密度變低。由於密度低就會浮在水面上，因此稱為浮豆。沒有特別明顯的不好味道，只是會讓咖啡整體的香氣變少。

Floater

Withered

10. 凋萎豆 WITHERED

在咖啡果成熟的期間，因為太久的乾旱，使得生豆無法吸收適當的水分，表面形成皺皺的狀態，而產生乾草味、草味等。

Broken

11. 破裂豆 BROKEN, CUT, CHIPPED

指在加工或脫殼的過程中，因為相互摩擦或是被機器夾住等各種原因，使得生豆破裂的情況。生豆破裂的話，該部位就很容易發霉或發酵，烘焙時破裂的地方也很容易爆裂，就會產生燒焦味。

12. 貝殼豆 SHELL

正常生豆的密度很硬,但因為遺傳上的因素,
生豆也會有分離成兩半的狀態。外觀較小且
密度低,烘焙時很容易燒焦而產生焦味。

Shell

13. 蟲蛀豆 INSECT DAMAGE

在種植的過程中,甜甜的
咖啡果很容易引誘蟲子啃
蝕,生豆就會出現孔洞。
孔洞為蟲蛀過的痕跡,不
但容易發霉,還會產生碘
味、霉味、苦澀味等。如
果有一、兩個蟲蛀的孔

Slight Insect Damage

Severe Insect Damage

洞,稱為輕微蟲蛀豆(Slight Insect Damage),三個孔洞以上或幾乎
一半以上損傷的話,就稱為嚴重蟲蛀豆(Severe Insect Damage)。

✏ SCAA 的生豆分類法

❶ 檢查外觀時需要的分量

為了檢查外觀，生豆最少要有 350 克，原豆則要有 100 克。

❷ 生豆的最佳含水量

加工完成的生豆要有約 10 至 13%的含水量，才能維持生豆本身的香味。

❸ 生豆的香味

要有生豆特有的香味，而不能有異臭。

❹ 瑕疵種類的分數

找出 350 克的生豆中對咖啡會有不良影響的瑕疵，依嚴重的程度分為一類瑕疵與二類瑕疵。精品咖啡的等級不容許有一類瑕疵，且二類瑕疵只能在 5 分以下。偶爾在一顆生豆上發現兩個以上的瑕疵，就要歸類到嚴重的瑕疵。

❺ 檢查原豆外觀

烘焙後沒有完全熟的豆子會被歸類白目豆（Quaker），主要會出現在未成熟的生豆中。雖然白目豆和生的花生或炒過的芝麻一樣會有香氣，但主要是香味中稍微帶有油膩感，或是味道不夠，會讓咖啡整體的香味不足。100 克精品等級的原豆中，就不容許有一顆白目豆的存在。

■ SCAA 生豆瑕疵計分表

一類瑕疵（Category 1）		二類瑕疵（Category 2）	
瑕疵種類	個數／分	瑕疵種類	個數／分
Full Black	1	Partial Black	3
Full Sour	1	Partial Sour	3
Fungus Damage	1	Parchment	5
Foreign Matter	1	Hull/Husk	5
Dried Cherry	1	Immature	5
Severe Insect Damage	5	Floater	5
		Withered	5
		Broken/Cut/Chipped	5
		Shell	5
		Slight Insect Damage	10

Specialty Coffee Association of America

Arabica Green & Roasted Grading Form

NAME: _____

DATE: _____

MOISTURE READING: ☐

CATEGORY 1	Full Defects	CATEGORY 2	Full Defects
Full Black / Completamente negros		Partial Black / Parcialmente negro	
Full Sour / Completamente agrios		Partial Sour / Parcialmente agrio	
Dried Cherry / Cerezos secos		Parchment / Pergamino	
Fungus Damage / Daño de hongo		Floater / Flotadores	
Severe Insect Damage / Daño severo de broca		Immature/Unripe / Inmaduros	
Foreign Matter / Materia extraña		Withered / Arrugados	
Total Category 1*	0	Shell / Conchas	
		Broken/Chipped/Cut / Cortados/Quebrados	
MOISTURE: ☐		Hull/Husk / Pulpa o cáscara	
		Slight Insect Damage / Daño menor de insecto	
		Total Category 2*	0
		GREEN DEFECTS	0
		CLASSIFICATION	Q Grade/Specialty

ROASTED COFFEE

OF QUAKERS ☐

AGTRON READING (OPTIONAL): ☐

ROASTED DEFECTS	0
CLASSIFICATION	Q Grade/Specialty

* PLEASE NOTE: This form is designed to calculate the final classification automatically with formulas that are built into the form. The document is locked to avoid any changes to these formulas. To reference the defect equivalents, please refer to the SCAA Green Arabica Defect Handbook, available at www.scaa.org/store.

SPECIALTY COFFEE ASSOCIATION OF AMERICA®

330 Golden Shore, Suite 50 | Long Beach, CA | 90802
Phone: 562.624.4100 | Fax: 562.624.4101 | www.scaa.org

咖啡的個性──氣味

① 如何感受到氣味？

人類透過嗅覺將揮發性物質吸入，並與黏膜接觸後，刺激嗅覺受器，就能感受到氣味。

氣味物質會隨著空氣進入鼻子內部，刺激到鼻腔最上方的嗅覺黏膜，當氣味物質接觸到嗅覺黏膜中的嗅覺受器時，就會產生神經元訊號傳遞至中腦的四疊體，四疊體將各種訊號轉換傳達至嗅覺神經區，再將該訊號傳遞至腦部，就能區分並記憶該氣味。

人類約有 1000 多個嗅覺受器，能夠分辨多達 4000 餘種特徵的氣味。嗅覺程度和氣味物質的濃度與傳遞速度成正比，長時間暴露在某種氣味下，嗅覺就容易變得適應而感受不到該氣味。

但假設再暴露在其他種類的氣味下，又會重新產生反應。氣味物質傳達的速度越快，就更容易辨識氣味，一般來說，女性比男性更能準確地記憶各種氣味。

咖啡氣味的種類

包含在咖啡樹生長的過程中產生的自然氣味，以及烘焙時由於焦糖化作用與熱分解所產生的香氣。

❶ 自然產生的氣味（Enzymatic）

在咖啡樹生長的過程中，咖啡花開與果實成熟期間所發生的酵素作用，而自然產生的氣味。由揮發性最強的酯（ester）、醛（aldehyde）化合物組合而成，很容易辨識出來。主要由花、水果、香草等清淡且清爽的自然香氣組成，通常在剛研磨好的咖啡中很容易聞到。

❷ 焦糖化作用的氣味（Sugar Browning）

烘焙時生豆會吸收熱能，內部的糖分（Sugar）遇熱反應之後，變成褐色的過程所產生的氣味。主要由炒堅果類、穀物、焦糖、棉花糖等濃郁或甜香所組成，根據不同的烘焙程度可分為濃郁香氣（Nutty）、輕盈香氣（Caramelly）、厚重香氣（Chocolaty）。不過，假使烘焙過度的話，氣味中的化合物與糖分會被燃燒完畢，就再也不會出現有特色的氣味。由於為中度揮發性，容易在萃取好的咖啡或含在口中時感受到香氣。

❸ 乾餾作用的氣味（Dry Distillation）

進行烘焙時，生豆中的纖維質因熱開始燃燒，此時，由於化學反應所產生的氣味，會近似於菸草、丁香、胡椒、皮革、木頭、松脂等。因為是低揮發性的氣味，主要在飲用時的後味（Aftertaste）中可以感受到。

咖啡的基本——味道

咖啡和其他食物一樣,具有四種基本的味道(甜味、酸味、鹹味、苦味),最近還可再加上「鮮味」[3],共有五味。從基本味道中,還能一併感受到氣味,也就是說,我們能感受並分辨咖啡中多樣的味道與氣味。

① 何謂味道?

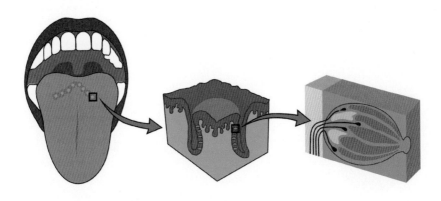

所謂的味覺,就是指人類舌頭上約 1 萬個味蕾中的微細胞,接受味覺物質的刺激並感受到的化學感覺。需要藉由水、油脂或唾液來溶解後,較容易接收刺激,再經由神經纖維將刺激傳導至微細胞,就可以區分是何種味道與濃度。

但由於微細胞能快速適應感覺,當味覺感受經過一段時間後,會比剛開始所嘗到的濃度要淡,再更久一點的話,就會更難感受出味道,因此如果想要有敏銳的味覺,與其不停持續地喝,建議用水充分漱口來稀釋之前的刺激會更有效。

[3] 譯註:來自日文中的「旨味」(うま味),常見於魚、貝類、鹹肉、蔬菜、綠茶以及發酵和陳年製品中(如起司、醬油中)。

咖啡味道的構成

甜味是從蔗糖（Sucrose）與果糖（Fructose）中感受到的味道，能使人聯想到水果、焦糖或糖果等，讓人覺得清新且清澈的舒暢味道。和其他的味道不同，即使濃度變高，味道的質感也會同時變高。此外，小孩子對於甜味的感受要比大人來得發達。

日常生活中所嘗到的鹹味，主要是從食鹽這一類的氯化鈉（Sodium chloride）中而來。不過咖啡中的鹹味則源自於氯化鉀（Potassium chloride），由苦味和鹹味混合而成，主要從萃取的咖啡中嘗到，如果含太多鹹味，就會出現腥味讓人覺得噁心不舒服；若是少量的話，則會基於和甜味與酸味的對比效果，更突顯出甜味並能柔化酸味。

溶解在液體中的咖啡因（Caffeine）、綠原酸（Chlorogenic acid）、奎寧（Quinine）等生物鹼（Alkaloid）成分的味道，會隨著烘焙的程度而改變，特別是綠原酸烘焙得越久，就會分解成奎寧酸（Quinine acid）與咖啡酸（Caffeic acid），使苦味更明顯。

1908 年，日本東京帝國大學的池田菊苗博士在柴魚片或昆布等熬煮的水中所發現的味道，現已被公認為第五個基本味道。中文譯成鮮味的「旨味」（Umami），是一種縈繞在舌上、類似高湯或肉類的味道，具有維持平衡度並提高整體風味的作用。

多從咖啡中的單寧（Tannin）與綠原酸中產生，是一種會使舌頭黏膜收縮的味道，大部分屬不好的味覺感受，含量少時會有種獨特的風味，是形成紅酒或茶等獨特味道的成分。咖啡萃取過度或萃取後再煮過時，就會使咖啡中的單寧氧化而變得更澀。

酸味

咖啡的酸味大致可分成兩類,如同水果一樣清新的酸味,以及像食用醋一般刺激性的酸味。

❶ 清新的酸味│從咖啡中的檸檬酸、果酸等有機酸所感受到的味道,呈現出檸檬、柳橙、葡萄柚等柑橘類的清新爽口酸味,適當的酸味有助塑造咖啡的特性。

❷ 刺激的酸味│咖啡果實在加工時過度發酵的話,咖啡中就會產生刺激的發酵酸味,如同食用醋的主原料醋酸的味道一般,像是尖銳地刺著舌頭的感覺。屬於令人不舒服的酸味,會影響咖啡整體的香味。

觸感

攝取食物時,口中所感受的物理性感覺,會受到食物的密度、黏性與表面張力影響。

❶ 固體成分│停留在口中的不溶於水固體成分,通常是烘焙後附著在咖啡上的纖維質,由於不溶於水才會沉澱,或成為浮在咖啡上的不溶性物質,因此喝的時候會黏在舌頭或上顎,讓人覺得乾澀,嚴重的話還會產生苦澀的感覺。

❷ 脂肪成分│影響咖啡整體的味道與香氣,啜飲時能感受到滑順柔和的口感。由於脂肪能攜帶各式各樣的氣味成分,讓喝的時候更容易嘗到各種豐富的香味,但也可能會吸附外部不好的氣味。

❸ 咖啡膠質(Brew colloids)│colloids 就是所謂的膠質,指物質分子以離子狀態(大小為 0.1 至 1.0μm)均勻地溶解在液體中。咖啡中的脂肪成分與懸浮物質相互結合能增加觸感,並具有吸附其他物質的特性,讓飲用咖啡時能持續感受到咖啡的香氣。

① 基本味道的相互關係

咖啡中的各種味道相互混合後，會中和或更加突顯等等，產生對各種味道的相互作用。基本味道可分為甜味、酸味、苦味、鹹味等，以苦味來說，如果烘焙得越重，發生乾熱的反應，使得糖分分解並降低甜度，苦味就因此產生。

根據甜味、鹹味、酸味的強度或濃度混合後出現的味道，稱作主軸風味，又可細分為六類；或是以主軸風味為基準，再以第二風味細分，共 12 種分類。

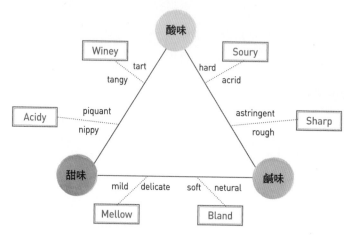

● 出處：The Coffee Cupper's Handbook, SCAA

1. 主軸風味 PRIMARY TASTE

混合基本味道後會產生相互作用，當甜味和其他味道混合時，會感受到甜味增加，且中和其他的味道；鹹味和酸味混合時，則會使鹹味增加且酸味降低。

▶ 甜味＋酸味＝甜味 ↗，酸味 ↘

▶ 甜味＋鹹味＝甜味 ↗，鹹味 ↘

▶ 鹹味＋酸味＝鹹味 ↗，酸味 ↘

① Winey(紅酒)：類似紅酒的味道，刺激性的酸味降低了甜味。

② Acidy(清爽)：柑橘類水果的清新爽口味道。

③ Mellow(甜味)：甜味中帶有鹹味，使得甜味更明顯的香甜味道。

④ Bland(清淡)：甜味被鹹味中和，沒有太多特色的平淡味道。

⑤ Sharp(刺激)：因為酸味使鹹味變強，成為突出且刺激性的味道。

⑥ Soury(發酸)：缺少甜味的刺激性酸味，主要在舌頭兩側或後方能感受到。

2. 第二風味 SECONDARY TASTE

① Tart(酸紅酒味)：像吃未熟的葡萄一般，有如帶有酸味的紅酒，能感受到很強的酸度，通常在舌頭的兩側與前方較容易感受到。

② Tangy(甜紅酒味)：刺激且突出的味道，能嘗到類似櫻桃一般甜度強的水果風味。

③ Piquant(刺激性的甜味)：指咖啡的清爽酸味會變化成刺激性甜味，通常在啜飲第一口時，在舌頭後側能感受到。冷卻後就會變成一般甜味，屬於肯亞咖啡的特色。

④ Nippy(強烈的甜味)：高甜度中亦能嘗到些許酸味的強烈甜味。啜飲第一口咖啡時，舌頭後側能強烈感受到甜味，為哥斯大黎加咖啡的特徵。

⑤ Mild(溫和的甜味)：由於甜味會變化成帶點少許鹹味，讓甜味更明顯。主要從是由舌頭後側感受到其清新的風味，冷卻後就會變成一般的甜味。

⑥ Delicate(薄甜味)：從舌頭後側感受到稍縱即逝的薄甜味，冷卻的話會變成一般的味道。

⑦ Soft(清淡)：沒有特色且平淡的味道。

⑧ Neutral(中性)：沒有突出的風味，且礦物質含量多讓人覺得平淡。

⑨ Rough(粗糙)：刺激且粗糙的味道。

⑩ Astringent(澀味)：會使舌頭的黏膜收縮，就像吃到不熟的柿子般會有的澀味。

⑪ Acrid(強烈的酸味)：巴西里約（Rio）咖啡的特色，具有強烈突出的酸味，屬於會讓人感到不舒服且尖銳的酸味。

⑫ Hard(刺激性的酸味)：假設果肉腐壞的話，糖分就會轉變為酸，此時就會出現刺激性且強烈的酸味。

① 咖啡的各種酸味

咖啡中存在各式各樣的有機酸，充分認識這些有機酸後，才能理解咖啡的味道。

1. 檸檬酸 CITRIC ACID

檸檬酸又稱枸櫞酸，多存在於柑橘類水果中的弱有機酸。植物主要透過光合作用來製造醣，檸檬酸則是從醣中產生。易溶於水的柑橘類水果，像是檸檬、萊姆中含量很多。檸檬酸為咖啡中主要的酸類之一，重度烘焙時就會減少 50％以上。會使咖啡呈現出類似檸檬、柳橙、哈密瓜、糖果等味道，主要在非洲咖啡中可品嘗到。

2. 蘋果酸 MALIC ACID

蘋果酸為一種有機化合物，多存在於具刺激性酸味的食物中，是未熟蘋果的酸味來源，葡萄中也含有蘋果酸。和檸檬酸相比，屬於酸度較強且優雅成熟的高級酸味，酸味也較持久。在海拔高的地方生長的咖啡，由於處在日夜溫差大的環境，使其生長速度明顯遲緩，當溫度變低而生長暫停時，為了供給養分，檸檬酸就會轉換成其他酸類，其中最具代表性的就是蘋果酸，提供了咖啡中讓人心情愉悅的成熟清爽風味，並保持味道的平衡。為一種生豆本身即含有的酸味，經過烘焙會漸漸減少。

3. 磷酸 PHOSPHORIC ACID

多用在可樂等清涼飲料中的酸類，為一種突出明顯的酸味，少

量就能呈現強烈的味道，常用在大量生產時，有增加咖啡的甜味與活潑感的作用。主要在肯亞等東非一帶生產的咖啡中能品嘗到。

4. 醋酸 ACETIC ACID

醋酸又稱作乙酸，為食用醋中的主要成分，在常溫中為無色並有強烈的氣味。通常咖啡中的碳水化合物分解時，會產生少量的醋酸。在水洗法加工過程中，長時間浸泡於發酵槽中，或連同咖啡果一起乾燥時過度發酵的話，就會產生醋酸。少量時會有如同水果般的清爽酸味，再多一點時則會有類似紅酒的深沉酸味，或是稍微發酵過的水果味道。如果含量太多的話，刺激的酸味會降低品質，嚴重的話還會出現消毒藥水的味道。

5. 乳酸 LACTIC ACID

乳酸另一個名稱為 Milk acid，主要存在於優酪乳、起司等發酵過的乳製品中，為咖啡第二次發酵過程中所產生，能嘗到深沉且柔和的奶油風味。

咖啡香味的變質

咖啡從在咖啡樹上結實成熟的過程開始，到萃取成為一杯咖啡為止，各階段會產生各種氣味與味道的變化。果實在成熟時，會產生構成咖啡獨特香味的有機物質，但不只會有香甜豐富的好氣味，也會產生讓人不舒服的氣味。

氣味與味道出現瑕疵的原因，多半是內部某個物質變質才會發生，或是生豆的脂肪吸附了外部物質，也會產生變質的情況。咖啡如果只產生輕微氣味的變化，會被歸類到嗅覺上的瑕疵（Taint），如果連味道都變質的話，就屬於味覺上的缺陷（Fault）。

氣味出現瑕疵的原因

內部化學上的變質　隨著不同的外部環境，生豆的脂肪或酸味產生變質，而出現的代表性瑕疵。果實在收穫或加工時過度發酵，使酵素分解生豆中的成分，而產生刺激的酸味、消毒藥水、優酪乳或橡膠等酸壞的氣味；或是在加工過程或保存過程中，長時間暴露於高溫環境下，分解並酸化了生豆中的脂肪成分，而出現牛奶、油脂、皮革味或腥味。此外，咖啡果實在種植時沒有完全成熟，或是生豆放置太久，使得內部有機物質揮發而產生瑕疵，主要會出現稻草、乾草、濕紙或木頭的氣味。

烘焙的問題　烘焙過程中，由於熱能或時間的不足或過度，無法烘焙完全而產生的瑕疵。烘焙不足的話，會出現穀物味、腥味、臭酸味等，令人感到不舒服的氣味；過度烘焙的話，則會產生類似木炭燒焦的氣味。或是在微火上長時間烘炒的話，會使咖啡的香味散失，造成特色不明顯或完全消失的情況。

吸附外部物質　咖啡內部的脂肪成分吸附了周邊環境的有機物質，而造成味道或氣味的變質，出現黴菌、混凝土、酵母、畜舍臭味、豌豆或泥土的氣味，大部分會因加工與保存環境而有顯著的落差。

咖啡品質的評鑑基準——杯測

杯測（Cupping）是客觀地評價咖啡的味道與氣味特色的過程，杯測為一種系統性、統一化的方法，透過杯測師（Cupper）的嗅覺、味覺、觸覺等各種感覺來評鑑咖啡。

① 杯測的要素

1. 原豆｜ 杯測不只要看生豆是否有好的味道，也要仔細觀察是否有瑕疵，因此使用的原豆要比一般產品用的豆子烘焙程度來得低。大約烘焙 8 至 12 分鐘內結束，烘焙度（Agtron）需為 #55±1（Whole bean，未研磨的狀態）與 #60±1（Ground，研磨的咖啡）。之後不能冷藏或冷凍，要放置常溫狀態至少 8 小時，並密封於陰暗處保存。

2. 水｜ 杯測用的水要乾淨且無味，總溶解固體（TDS，Total Dissolved Solids）為 125 至 175ppm 較為適當。

3. 杯測杯｜ 要選擇不容易附著味道，或是好的陶瓷材質且厚度適當的杯子，才能防止測試樣品的溫度急速下降。杯子的容量約為 150 至 180 毫升，且所有測試用的杯子要規格一致。

4. 杯測匙｜ 測試匙的深度要能盛裝 4 至 5 毫升的咖啡，並以能均勻導熱的銀製品為佳。

5. 研磨度｜研磨好的咖啡粉有 70 至 75％能通過美國標準篩尺寸（US Standard size）的 #20 號篩（850μm），才算是較適當的研磨度，如此一來萃取時才能達到 18 至 25％的萃取率。

6. 萃取比例｜水和咖啡粉的比例為 150 毫升對 8.25 克。萃取後可溶性成分的濃度要達到 1.1 至 1.3％。

① 杯測過程與評鑑

SCAA 協會會使用一連串的表格來評鑑咖啡，從咖啡的氣味、味道與重量感來細分並評鑑，再以客觀的數字來定量化。共分成 10 種評鑑項目，滿分為 100 分，各項目的滿分以 10 分為基準。

＊ SCAA 杯測表

● 出處：www.scaa.org

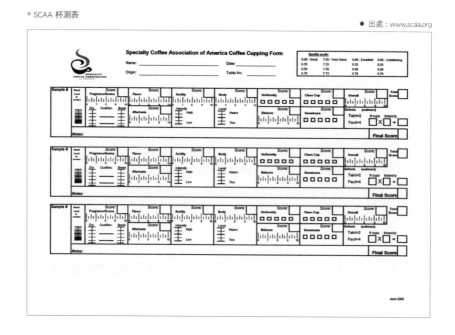

1. Fragrance/Aroma：咖啡的香氣

評鑑咖啡的第一個階段，會從研磨咖啡原豆時開始，嗅聞研磨後到浸入水中的階段所產生的香氣，以掌握咖啡的特色。乾燥狀態的研磨咖啡香，以及浸濕後蒸煮狀態的咖啡香氣。

① Fragrance：研磨咖啡的香氣

嗅聞研磨後從咖啡粉中散發出來的氣體氣味成分，判斷具有何種特色與風格，也稱作乾香氣（Dry Aroma）。由於揮發性強容易辨識，也同樣容易散去，因此要在測試前研磨，並盡快在短時間內掌握咖啡的香氣。

② 注水

將滾水冷卻至 90 至 96℃後，直接注入咖啡粉中。杯測是以浸出方式來萃取咖啡，因此能嘗到咖啡最原始的味道與香氣。將水注入咖啡粉時，要適當地擾動（Turbulence）使咖啡粉均勻浸濕，才能完全萃取出其中的成分。

③ Aroma：蒸煮狀態時的咖啡香氣

注水時，水接觸到咖啡後，咖啡粉會開始膨脹，並萃取出咖啡。萃取 3 至 4 分鐘時，表面會浮起，就可評鑑從咖啡粉中冒出的蒸氣香氣，又稱為濕香氣（Wet Aroma）。

④ Breaking：破渣

注水 4 分鐘後，撈起浮在表面的咖
啡粉與泡沫層，並評鑑在這個過程
中所冒出的香氣。使用湯匙翻動上
方的咖啡渣，但需留意要避免過度
攪動。

⑤ Skimming：撈渣

由於咖啡上方浮起的泡沫與咖啡渣
的味道，會在口中殘留澀味，影響
精準的評斷，因此 Breaking 結束後，
要將懸浮層撈除乾淨。

2. Flavor：口中感受到的味道與香氣

咖啡冷卻至 70℃時，要發出聲音並像吸入空氣一樣快速啜吸
（Slurping），如此吸入後，才能使咖啡均勻地分布在舌頭前半部，
並透過這個程序均衡地感受咖啡的各種味道。此外，和空氣一起快
速吸入的話，液體狀態中部分的有機化合物便會氣化，在喝的時候
抵達嗅覺黏膜，就更容易感受到香氣。這個階段所感受到的味道與

香氣稱為滋味（Flavor）。

3. Aftertaste：飲用後感受到的味道與香氣

將咖啡吞下後，細味口中留下的殘留物，其中低揮發性有機化合物散發的味道與香氣。這些有機化合物的分子構造重且揮發性低，即使咖啡都喝完後也會持續留在口中，使我們感受到各式各樣的味道與香氣，並重新構成不同的咖啡形象。

4. Acidity：酸度

評鑑咖啡所具有的酸度。在咖啡生長或加工的階段中，藉由發酵過程產生各種有機酸與無機酸，這些酸能賦予咖啡不同的味道，並形成該咖啡的個性。先掌握咖啡的酸度後，就能確認是否為優質的酸味，或是像食用醋一般，有著刺激性且劣質的酸味。優質的酸味就像吃到清爽的水果一般，具有引發口中唾液分泌或是提高食慾的作用，而劣質的酸味則會讓人覺得不舒服，而且不會想再繼續喝下去。

5. Body：咖啡的觸感、質感以及重量感

啜飲一口咖啡時，就能感受到咖啡獨特的質感。有些咖啡像是喝水一樣清淡，有些則是像含了滿滿一口鮮奶油一般濃郁，這樣的感覺就是醇度（Body）。醇度會因咖啡中含有的纖維質、蛋白質、脂肪成分而產生差異，透過和其他咖啡的比較，就能準確掌握咖啡的醇度和品質，並分辨各個咖啡的特徵。

6. Balance：調和感、均衡感

評鑑咖啡中各種味道、氣味以及觸感融和的程度。如果只有一種味道很突出的話，就會感受到其刺激性，並失去整體的均衡感。平衡感好的話，即使有很強的酸味，喝咖啡時也不會有卡在喉嚨的感覺，而是會滑順柔和地通過喉嚨。

7. Uniformity：咖啡間的一致性

同一種咖啡的樣品豆最多要準備 5 杯，如此一來，評鑑時才能掌握咖啡的一致性。在所有被評鑑的咖啡中，都能感受到類似的香氣與味道，才能算是經過仔細挑選及加工的咖啡。

8. Clean Cup：咖啡中瑕疵與否

判斷咖啡的清澈度，並確認咖啡中是否有瑕疵。從剛開始啜飲第一口咖啡到吐掉後，確認是否有不好的要素。

9. Sweetness：甜度

評鑑咖啡的甜味程度。甜味能柔和咖啡中的刺激味道，使整體感覺更鮮明，如果缺乏這樣的甜味，咖啡會顯得沒有個性或風味不足，所呈現的就不是清爽而是刺激的酸味。

10. Overall：個人意見

Overall 就是杯測者的觀點（Cupper's Point），指評鑑者的個人意見。先盡可能地客觀評鑑香味、酸味、醇度等各個項目，做出結論後，再以個人的主觀感覺來評鑑咖啡，並進行加分。

11. Total Score：整體分數

將 10 個項目個別的分數加總後的分數。

12. Defect：瑕疵分數

在樣品豆中發現瑕疵時，依瑕疵的程度再進行減分。瑕疵度不高時歸類為 Taint，每一杯分別減去 2 分；如果是會影響味道的程度，則歸類為 Fault，每一杯分別減去 4 分。

13. Final Score：最終分數

Total Score 減去 Defect 的分數就是最終分數，如果沒有減分的瑕疵要素，整體分數就是最終分數。

LESSON 03

咖啡的變化——烘焙

為了呈現我們喝的咖啡中所嘗到的
花、水果等各式各樣的香味，
就要經過烘焙的過程，
將生豆加熱並使其內外部產生變化。

生豆

我們所喝的咖啡帶有堅果類、花、水果等多樣且豐富的香味，但還在生豆的狀態時，則是單調且有生味，完全無法和咖啡的香味有所連結。為了引出香味便利用加熱的處理過程，使生豆內外部產生變化，這樣的步驟就稱為烘焙（Roasting）。

不過，若只是單純地加熱，仍無法引出一致性且優良的味道，還要根據咖啡生長的環境、加工方法、品種、含水量、密度等不同的生豆狀態，同時調節烘焙的火力、溫度與時間等，才能烘出好的豆子。此外，也會因為生豆收成、加工歷經的時間而有所不同，所以烘焙前，確實理解生豆的狀況就格外重要。

① 生豆的構造

生豆長得有點類似握起的拳頭，是由表皮、細胞組織、黏液質與胚芽所構成。細胞組織是薄壁細胞所組成的多孔質多面體；表皮

生豆剖面

的細胞組織則較為密集，越往中央則越大。像這樣不同大小的細胞組織，在烘焙時就會影響受熱的均勻度。細胞組織的中心則是狹長的蠟狀層黏液質（Mucilage），而裡面就是胚芽。黏液質能供給果膠、糖分、礦物質等養分至發芽的胚芽中，如果烘焙不均勻的話會先燒焦，顏色就會變得比周邊的細胞組織要深。一旦出現這樣的顏色，就要重新檢視烘焙的步驟。

① 生豆的水分

生豆中約含有 8 至 12%的水分，水分是指純水狀態的自由水（Free Water），和生豆中其他的物質結合而成的結合水（Bound water），並有部分會成為氣體形態的水蒸氣。當持續供給熱能，水分就會產生形態的變化，使水分蒸發且分子的結合力變弱，體積和壓力都會增加。基於這樣的形態變化，烘焙時體積就會明顯地變大。此外，根據烘焙的程度，水分最多會減少 1 至 2%。

烘焙的熱傳導過程

烘焙是指加熱生豆而產生物理性與化學性的變化過程。熱傳導大致可分成傳導、對流與輻射三個方式所產生的複合式反應。過程中將不同程度的熱傳導到生豆中,也會影響原豆的品質。先理解熱傳導的過程,就更能掌握烘焙的原理。

1. 傳導 CONDUCTION

熱能從熱的地方移動至冷的地方時,溫度因直接接觸其他物體而產生的作用,稱為傳導。使用滾筒烘豆機烘豆時,生豆不只會直接觸碰到滾筒,溫度也會藉由接觸其他生豆而傳導過來。由於每種物體的傳導率不同,因此烘豆機的材質與厚度都要一併考慮進去。

2. 對流 CONVECTION

氣體或液體等流體,因為密度或溫度的差異而產生循環傳導熱能的過程,就稱為對流。烘焙時,經過加熱的熱空氣包覆著生豆,會加快導熱的速度。尤其在生豆的溫度與對流的溫度差異大的情況下,熱傳導會變得更快。加熱滾筒烘豆機後,產生的熱空氣對流為自然對流;而熱風式烘豆機,則是透過送風裝置使熱空氣流入滾筒,稱為強制對流。

3. 輻射 RADIATION

在暖爐旁即使沒有直接接觸火源,也會漸漸覺得暖和,像這樣從熱的物體中產生的熱波長,就稱為輻射。輻射熱由於波長的緣故,能滲透或折射到其他物體,而擴散至周圍;此外,離熱源越遠,輻射熱的影響就會越來越小或消失。

烘焙過程

烘焙進行過程中，所發生的階段大致可以分成：生豆內部水分蒸發的乾燥階段、產生各種熱分解的烘焙階段，以及烘焙結束後將原豆冷卻至室溫狀態的冷卻階段。

1. 乾燥 DRYING PHASE

將生豆放入預熱好的烘豆機中，經過傳導、對流、輻射等熱傳導，讓溫度達到平衡，使生豆吸收滾筒內部的熱能，這樣的過程稱為吸熱反應（endothermic reaction），當水分漸漸蒸發，顏色和體積也會產生變化。不過一開始的高溫會使表面嚴重地乾癟，此時就要維持高火力才能將生豆烘焙均勻。

經過乾燥過程，生豆會減少3至4%的水分，而表面的銀皮便開始脫落。此外，顏色也會從綠色轉成黃色（yellowish），散發類似穀物、烤麵包或爆米花的香氣。

2. 烘焙 ROASTING PHASE

在這個實際進行烘焙的階段，生豆內外部會產生許多變化。

持續地傳導熱能使水分蒸發，並累積氣體使生豆內部的壓力升高。當生豆的細胞壁無法承受壓力破裂時，水分與二氧化碳等內部物質便會往外釋放，這個過程就稱為第一爆（popping）。主要從柔軟的中心內側開始破裂，生豆越新鮮或堅硬，就能聽到越大越明顯的聲響。之後，會持續地生成揮發性的化學物質，直到210度時，又再次因累積的氣體開始第二爆。

烘焙得越久，原豆會漸漸轉成深褐色，內部水分減少至5%以下，變成易碎的狀態。此外，油脂還會浮出至原豆表面，開始變得油潤，因油脂的燃燒而出現濃煙，並轉為刺激性的苦味。

3. 冷卻 COOLING PHASE

烘焙結束後，需要在短時間內將大量冷空氣注入原豆，使其迅速冷卻。如果沒有及時冷卻的話，由於原豆內部的餘熱會持續進行烘焙，就可能無法達到原本預計的烘焙程度，而造成香味衰減。假設烘豆機的容量大，難以用空氣來冷卻的話，也可以在原豆上噴灑水，隨著水分蒸發的同時，使原豆的溫度下降。

烘焙時的變化

進行烘焙時,生豆會歷經許多變化並產生各式各樣的香氣與味道。雖然我們還無法明確指出所有的變化過程,但這數十年間人們對此進行了廣泛的研究,以這個研究結果為基礎來理解烘焙過程,應該或許就能生產出更完美的咖啡吧?

① 物理性變化

生豆外觀的明顯變化,用肉眼即可辨認。雖然不同的生豆加工處理方式或品種等,會造成些微的差異,但高地所生產的生豆會比低地產的要來得堅硬,且外觀帶有青綠色。經過烘焙的過程,會依序漸漸變成亮黃色、肉桂色及深褐色。

■ 烘焙時不同的顏色變化

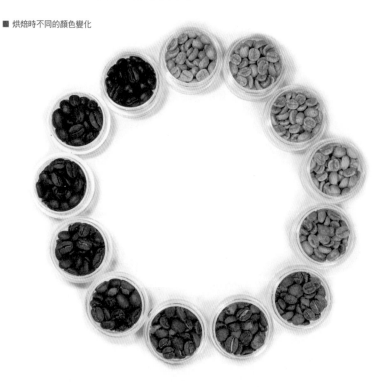

將生豆放入烘豆機中，當水分蒸發至一定程度，升溫至 130％左右時，就會變成亮黃色（溫度可能會因不同的烘豆機而有差異）。之後，透過焦糖化作用，顏色漸漸變深，基於這樣的特徵，就能以顏色來掌握烘焙的程度。

不過，短時間用高熱來烘焙的話，會造成受熱不均，生豆表面與內部顏色就可能會出現差異。此外，若是類似煎烤（Baked）以小火烘炒 20 分鐘之久，儘管顏色會有適當的變化，但因為香味的折損，只會留下無味乾燥的味道與香氣。因此，不會只用顏色來作為判斷烘焙程度的指標。

■ 不同的烘焙程度其體積與顏色的變化

| 生豆 | 第一爆時 | 第二爆後 |

進行烘焙時，生豆會邊吸收熱能邊蒸發內部的水分，並產生揮發性的氣體。當內部壓力升高，生豆就會漸漸膨脹起來。此外，當體積變大，附著在生豆表面的銀皮就會脫落進行爆裂，並釋放所產生的氣體。生豆便因此增加約 80 至 85％的體積，重量減少 15 至 20％左右。隨著烘焙的持續進行，水分也持續蒸發，烘焙結束後，僅會留下 0.5 至 3.5％的水分。所以重烘焙會比淺烘焙的原豆，狀態要

來得脆且易碎。

生豆約含有 14% 的脂肪質，以液體狀態均勻分布在細胞內。當烘焙的時間越久，或是以高溫烘炒的話，內部就會形成壓力，將脂肪往表面推擠。剛開始會有點閃閃發亮，一旦量變多，整個原豆表面會變得油亮。當油脂浮在表面時，直接接觸氧氣，就會使原豆容易酸壞且保存期限變短。

① 化學性變化

一杯咖啡約有 1000 種的香味，其中大部分為揮發性的香味化合物，經過烘焙過程而產生，整體量只不過占原豆的 0.1%。即使只有微量，我們仍然能感受到其中花、水果、堅果類等多樣的香氣。

烘焙過後，最顯著的就是顏色的變化。生豆有一半是由多糖類、糖等碳水化合物所組成，烘焙過程中，糖會吸收熱並漸漸變深，這就是所謂的褐變，可分為糖吸收熱轉變成褐色的焦糖化（Caramellize），以及糖與氨基酸反應的梅納反應（Maillard Reaction）。褐變反應時，會使糖產生香氣，當烘焙得越久，甜味會變少且苦味增加。

影響咖啡特色的酸味是在烘焙初期產生，主要為類似檸檬酸（Citric acid）、醋酸（Acetic acid）、蘋果酸（Malic acid）等有機酸，同樣也是越到烘焙後期，越會被分解而使酸味減少。

部分的咖啡因會在烘焙時揮發，屬於變化不大的安定性物質。雖然咖啡因會因為烘焙得越久而減少，但萃取率好的咖啡反而會檢測出更多咖啡因含量。相反地，綠原酸則是會在烘焙中水解，分解成奎

寧酸與咖啡因酸。一旦沒有完全分解的話，就會出現澀味，烘焙得越久則越苦。

■ 生豆與原豆的成分比較

成分		生豆	原豆
碳水化合物	多糖類	45.4	37.1
	糖	7.3	0.0
	其他糖	1.0	0.3
脂肪	脂肪	14.8	16.6
	脂肪酸	1.0	1.6
蛋白質	蛋白質	8.9	7.3
	氨基酸	0.5	0.0
	咖啡因	1.1	1.3
	葫蘆巴鹼（Trigonelline）	0.9	1.0
其他	綠原酸	5.9	2.4
	奎寧酸（Quinic acid）	0.4	0.8
	水分	9.1	2.4
	礦物質	3.8	4.4
	揮發性香氣	0.0	0.1
	焦糖化物質	0.0	24.8
合計		100.0	100.0

● 出處：The coffee Cupper's Handbook, SCAA

認識咖啡萃取

沖煮（Brewing）是指萃取咖啡的行為，
使咖啡中水溶性成分於水中溶解出來的過程。
咖啡的成分中約有 30％為可溶解於水中的可溶成分，
為了得到一杯完美比率的金杯咖啡，
並非要萃取出最大值，而是要萃取出適量的可溶解成分。
由於咖啡的各種成分會因各自不同的性質，
而萃取出不同的味道，要先理解各式各樣的萃取變數，
才能找出適合自己味道的比率。

認識咖啡萃取 Essential of good brewing

歐洲精品咖啡協會（SCAE，Specialty Coffee Association of Europe）提出金杯咖啡（Golden Cup）有 6 個沖煮的必須要素，透過這些要素來找出最適當的萃取率吧。

1. 萃取比率 RATIO

萃取比率是指水和咖啡的比率，和沖煮管制圖（Brewing Control Chart）有著密切的關係。為了沖煮出好喝的咖啡，理想的咖啡量與水量比率，是指咖啡的可溶成分接觸到水後，能萃取出多少濃度與萃取率來決定。

TIP 濃度（Concentration）與萃取率（Yield）

濃度

以氣體或液體濃或淡的程度表現，來說明咖啡濃淡的程度。

濃度是指測量一杯咖啡中溶解的固體成分分量，主要使用測量液體固型成分的 TDS（Total Dissolved Solids）檢測計。濃度會受萃取率的影響，理想的濃度為 1 至 1.5%，各洲的標準會略有不同。

※ 習慣喝淡咖啡的美國（SCAA）為 1.15 至 1.35%，喝濃咖啡的歐洲（SCAE），喜好的濃度為 1.2 至 1.45%。平均單人最高咖啡消費的北歐，則偏好 1.3 至 1.55%的濃度。

萃取率

以投入量對照完成品的比率，來說明使用的咖啡中溶解出來的成分分量，並標示咖啡萃取液中水溶性成分／原豆量的百分比。萃取率在 18 至 22%之間，算是最理想的數值。

萃取率未滿 16%的情況為萃取不足，萃取出的咖啡香味少且酸味強；24%以上則為過度萃取，會嘗到較多苦味與雜味。

2. 研磨度 GRIND

要根據不同的萃取方法以及器具，來調整咖啡的粒子粗細。不同的研磨粗細，接觸到水的表面積也不同，研磨得越細，水和咖啡接觸的表面積越大，就越快達到萃取率。標準的咖啡研磨粒度為粗粒度（Regular grind）1.13mm、中等粒度（Drip grind）0.80mm、細粒度（Fine grind）0.68mm。咖啡的粒度如果太粗的話，會萃取過少且味道不足；如果太細的話，則會過度萃取而出現苦味。

3. 萃取的 3T TIME, TEMPERATURE, TURBULENCE

① 時間 (Time)｜咖啡與水接觸的時間，是決定咖啡品質的重要因素。萃取時間不只影響濃度，對於香味的平衡也有很大的影響。萃取時間短的話，就是低濃度且香味不足的咖啡；萃取時間長的話，就會是濃郁帶苦，有太多雜味的咖啡。

萃取手沖咖啡時，會分成兩三次來進行，第一次會萃取出濃度高且舒服的酸味，第二次萃取出甜味以及第一次沒有釋出的香味成分，第三次則會萃取出苦味及澀味。近來由於不理解濃度與萃取率的差異，有不少人摒棄以往為了做出濃咖啡但會產生雜味的方式，改為強調酸味並能減少雜味或苦味的萃取法，使用分量較多的咖啡，第一次萃取後再加水稀釋的方法。

■ 不同萃取時間的成分比例

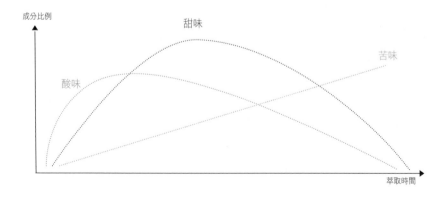

② 溫度 (Temperature)｜最理想的水溫為 92 至 96℃，水溫要不變並維持一致的溫度，才能萃取出香味優良的咖啡。溫度比基準高的話，咖啡成分的分子活動度高，就會萃取過度，變成苦澀的味道；相反地溫度低的話，會無法完全萃取，酸味與香味便顯得不足。

③ 擾動 (Turbulence)｜指水和咖啡攪拌混合的意思，即水通過咖啡粉的過程就是擾動，像是用法式濾壓壺萃取咖啡時，上下攪拌的動作，過濾式萃取時使用的浸潤（wetting）法，或是浸出式萃取時使用的攪拌（mixing）法。

4. 水的品質 WATER

溶解在咖啡中的固體成分約不到 1 至 1.5%，其餘的則是由水所構成。因此，為了萃取出咖啡，就得考量到水的品質。一般來說，水中的礦物質含量會影響味道，也會對咖啡的香味造成不少的影響。缺乏礦物質的話，酸味會過於突出，或是香味不明顯；礦物質過多，相對來說會呈現不好的苦味與澀味。所以 SCAA 協會制定了以下的表格，作為萃取咖啡時水的品質參考基準。

● 出處：SCAA（www.scaa.org）　'Water for Brewing Standards'

類別	基準	許可範圍
總氯（Total Chlorine）	0mg/L	
總溶解固體（Total Dissolved Solids）	150mg/L	75～250mg/L
鈣硬度（Calcium Hardness）	4 grains（68mg/L）	1～5grains（17mg/L~85mg/L）
總鹼度（Total Alkalinity）	40mg/L	At or near 40mg/L
酸鹼值（pH）	7.0	6.5～7.5
鈉（Sodium）	10mg/L	At or near 10mg/L

5. 萃取方式 METHOD

不同的咖啡萃取工具，也會影響咖啡的香味變化，此外，根據不同的萃取方式，咖啡的研磨度、萃取時間、水溫、混合等都會有所不同。

1. 煎煮式（Decoction）

將研磨好的咖啡直接加入水中煎煮的方式，主要為土耳其咖啡與衣索比亞傳統咖啡的萃取法，可依個人喜好再加入香料。

2. 浸出式（Steeping）

將研磨好的咖啡泡入水中一段時間後，再將萃取液分離出來的方法。由於完整過濾出咖啡的成分，因此能嘗到咖啡大部分的風味，缺點是無法完全過濾細粉，而有乾澀感。

3. 過濾式（Drip Filteration）

最常使用的萃取法，利用重力使水通過研磨好的咖啡粉的方法。會因不同的水溫、濾杯形狀、濾器材質等，而能品嘗到各式各樣的風味。有手沖、過濾式荷蘭咖啡等。

4. 真空式（Vacuum Filteration）

利用水煮滾時因水蒸氣出現的真空狀態來萃取的方式。下壺中的水煮滾後，內部壓力升高並將水推至上壺，在上壺中與咖啡粉混合並萃取出成分後，將熱源移開，隨著下壺的溫度下降，將上壺的咖啡萃取液往下引流，就算萃取完成。

5. 加壓式（Pressurized Infusion）

利用壓力將咖啡中的可溶成分以及不溶性脂肪、纖維質、氣體等一起萃取出來，並做出乳化層，萃取出高濃度的咖啡。有義式咖啡機、摩卡壺等。

6. 濾器 FILTER

濾器是分離咖啡渣的過濾裝置，不同的材質也會影響咖啡的香味。一般金屬網的濾器可半永久性使用，能完全萃取出咖啡膠等各種脂肪成分，使醇度變好，並嘗到深沉的風味。絨布類的布料濾器則能過濾細粉，使咖啡變清澈，而萃取出的脂肪成分，能讓人感受到滑順的口感。濾紙則是使用上較方便，能呈現最清澈的風味。

沖煮管制圖 Brewing Control Chart

美國咖啡研究所（Coffee Brewing Institute）所發表的標準咖啡萃取圖表（Brewing Control Chart），是以化學家 Lockhart 的方式來制定。與其說這個圖表是絕對的味道基準，反而更能代表一般人喜好度的統計分析。透過圖表可以理解，在統計上一般人的喜好分布於一定的區域，而最佳的萃取率就落在 18 至 22％左右。

透過這個沖煮管制圖，有助於在萃取時，在有相互關係的咖啡濃度、水的比率與萃取率之間找到平衡。

① 沖煮管制圖的測量方法

沖煮管制圖的橫軸為萃取率，縱軸為濃度，而紅色斜線則代表使用的原豆量。由於各圖表的基準水量單位不同，確定要使用的基準後，再選擇適合的圖表來測量較佳。

1. 咖啡與水的比率

圖表中的斜線表示 1 公升的水與咖啡 40 克、45 克、50 克、55 克、60 克、65 克、70 克的比率。最佳平衡的萃取率為 18 至 22％，濃度為 1.15 至 1.35％，因此可以知道最佳比率的咖啡分量為 55 克。可以看到當咖啡的分量越多，雖然濃度增加，但香味卻減少；咖啡的分量越少，濃度越淡且香味會快速散失。

2. 咖啡的濃度

濃度是由咖啡和水的比率來決定，並受到萃取率的影響。如果 1 公升的水使用 55 克的咖啡仍無法到達最佳萃取率的話，也很難以最適當的濃度來進行萃取。由此可以得知，這是因為與咖啡萃取的時間有關。

3. 萃取率

萃取率會影響香味。1 公升的水使用 55 克的咖啡，以 18 至 22％的萃取率來萃取的話，會有優質的香氣與平衡度；但如果萃取不足，就會出現類似草味；而過度萃取的話，則會有苦味與澀味。

■ 咖啡沖煮管制圖　　　　　　　　　　　　● 出處：www.scaa.org

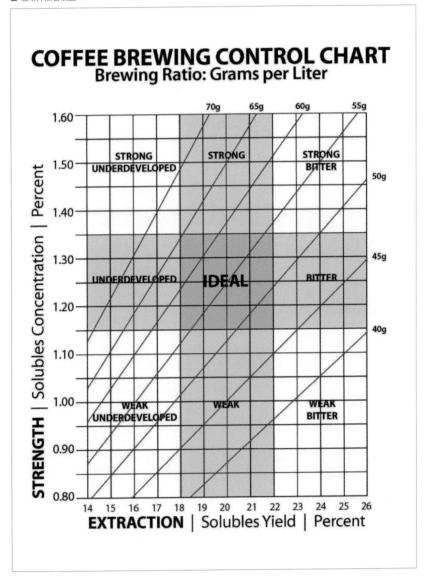

不同變數的萃取實作

我們在製作一杯咖啡時,會努力研究如何萃取出原豆最的佳風味與平衡度。基於各式各樣的變數,咖啡的味道可能會出現天壤之別,減少變數的落差,就能萃取出穩定品質的咖啡,這也是咖啡師的能力之一。

影響咖啡香味的要素有時間、研磨度、溫度、擾動等控制變數,現在就來認識如何管控和控制這些變數的方法吧。

1. 時間

準備等量的咖啡與統一溫度的水,調整不同的萃取時間,並感受其味道的差異。

	變數	外觀的特徵	味道與香味的特徵
萃取時間			

2. 研磨度

準備等量的咖啡與統一溫度的水,再分別研磨不同粗細的咖啡,以呈現最佳風味的時間來萃取,再感受其味道的差異。

	變數	外觀的特徵	味道與香味的特徵
研磨粒度			

3. 溫度

將等量的咖啡以(2)中找出的粒度研磨，再以(1)中找出的時間萃取，加入各種不同溫度的水，感受其味道的差異。

	變數	外觀的特徵	味道與香味的特徵
水溫			

4. 擾動

將等量的咖啡以(2)中找出的粒度研磨，加入(3)中找出的水溫的水，並以(1)中找出的時間來萃取，訂定每一杯在一定時間內不同的攪拌次數，再規律地擾動。

	變數	外觀的特徵	味道與香味的特徵
攪拌次數			

我專屬的自家手做咖啡

就像咖啡有著各式各樣的香味一般，享用咖啡的方式也不計其數。
透過各種的萃取工具，試著製作一杯
專屬自己的咖啡吧。

介紹各式萃取工具

1. 越南滴滴壺 CAFE PHIN

越南滴滴壺為過濾法的原形,是越南很常見的萃取方式。由於萃取速度偏慢,可萃取出少量且濃郁的咖啡。

萃取步驟

準備工具 越南滴滴壺、研磨咖啡粉 20 克、熱水 120 毫升

將越南滴滴壺底盤與濾杯架在杯子上。

將咖啡粉裝入濾杯中,輕輕放上壓板。

倒入少許熱水悶蒸後,再倒滿至 120 毫升的水。

靜待至萃取完畢,再將濾杯移開。

SPECIAL RECIPE 西貢咖啡

將越南滴滴壺萃取的咖啡加入煉乳與肉桂棒,就能享用香甜的越南式咖啡。

2. 土耳其咖啡 TURKISH COFFEE

在附有長手柄的鍋子狀酒壺（Cezve）中，倒入細研磨的咖啡粉，再加入水、砂糖或香料一起煎煮的方式。由於會殘留些許的咖啡粉，品嘗起來帶有乾澀感，但強烈的風味也很不錯。

萃取步驟

準備工具 銅壺、冷水、研磨咖啡粉 10 克、砂糖、香料

將冷水倒入銅壺中。

放入細研磨的咖啡粉，並依個人喜好加入砂糖或香料。

攪拌均勻。

放在爐火上煮滾。

當咖啡開始煮滾出現泡沫時，要離火不讓咖啡溢出。

當泡沫下降後，再重新煮滾，反覆這個步驟進行 3 至 4 次。

稍微等待一下讓咖啡細粉沉澱，再慢慢倒入杯中。

※ 如果煮得太久，不只會有溢出的危險，還會使咖啡成分變化，產生不好的味道。

SPECIAL RECIPE

香料咖啡

煮土耳其咖啡時，可依喜好加入茴香、肉桂等香料，和砂糖一起煎煮，就能享用到更香醇的咖啡。

3. 法式濾壓壺 FRENCH PRESS

1930 年代所開發的法式濾壓壺，是一種容器附有過濾器與蓋子的咖啡萃取工具。由於咖啡沖泡畢完後，可將咖啡渣過濾出來，就能享用到咖啡所有的濃郁味道與豐富香氣。特別是能完整萃取出咖啡的香味與油脂成分，可以製作出醇度厚實的咖啡是其優點。不過要留意如果萃取時間太長，就會過度萃取並出現雜味。

萃取步驟

準備工具 法式濾壓壺、研磨咖啡粉 15 克、熱水 230 毫升

先倒入熱水將法式濾壓壺溫壺。

將溫壺的水倒掉，放入 15 克的研磨咖啡粉。

倒入 230 毫升的熱水。

以攪拌棒拌勻，浸泡 3 至 4 分鐘。

壓桿輕輕往下壓將咖啡渣分離。如果壓太大力，咖啡渣可能會往上逆流，所以要輕壓。

慢慢倒入杯中。

※ 清洗方法

法式濾壓壺使用後，要將濾器上部的網片、濾網以及底部的支架都拆開清洗，並要風乾，才能保持乾淨並長久使用。

SPECIAL RECIPE

咖啡蘇打

準備冰塊與氣泡水，倒入用法式濾壓壺沖泡的咖啡中，做成咖啡蘇打。將氣泡水加入咖啡中，就能享用到帶有清涼感的咖啡。

4. 聰明濾杯 CLEVER

法式濾壓壺與手沖咖啡的相遇。浸泡咖啡的方法和法式濾壓壺一樣，而萃取咖啡時則像手沖一樣，是將濾杯安裝在咖啡壺上來萃取的形式。由於聰明濾杯有隔離的裝置，只要放到杯子或咖啡壺上，萃取液就會往下流。除了能乾淨輕鬆地享用之外，對於覺得手沖比較麻煩的初學者來說，是很理想的工具。

萃取步驟

準備工具 聰明濾杯、濾紙、研磨咖啡粉 20 克、熱水 250 毫升

將濾紙放入聰明濾杯中，倒入熱水將濾紙浸濕後，再將水倒掉。

加入研磨成適合手沖用粗細的咖啡粉。

倒入水使咖啡粉完全浸濕，進行悶蒸。

再倒入其餘的水。

以攪拌棒拌勻，浸泡約 2 分 30 秒至 3 分鐘。

將聰明濾杯放到杯子或咖啡壺上，以萃取咖啡。

SPECIAL RECIPE 卡魯哇咖啡

將卡魯哇咖啡酒 1 盎司加入砂糖 10 克，加熱煮至砂糖融化後，將煮過的咖啡酒倒入用聰明濾杯萃取的咖啡中，上面再加上植物性打發鮮奶油，並放上咖啡豆做裝飾。

5. 愛樂壓　AEROPRESS

1984 年成立的一家體育玩具用品製造公司愛樂比（Aerobie）所製作的愛樂壓，是為了能簡單快速享用咖啡開發出來的工具。和注射器一樣，利用氣壓萃取的方式，能迅速又簡單地萃取出具有豐富香氣與清澈味道的咖啡。清潔保存都很簡便，適合在戶外使用。

萃取步驟

準備工具　愛樂壓、研磨咖啡粉 20 克、熱水 240 毫升

將濾紙放入濾蓋中。

將濾蓋安裝在濾筒上。

漏斗架在濾筒上，加入研磨咖啡粉。

倒入約 90 至 95℃的水，並攪拌均勻。

將壓桿裝入壓筒，輕輕往下壓約 20 秒，萃取出咖啡。

萃取出的咖啡依濃度加水稀釋後飲用。

SPECIAL RECIPE

冰搖咖啡

將 5 至 6 顆冰塊放入雪克杯中，加入牛奶與萃取好的咖啡，充分搖勻後倒入杯中。

※ 清洗方法

① 將萃取完畢的愛樂壓濾蓋拆開。

② 將壓桿直接往下壓，倒出咖啡渣。輕輕地用海綿將壓桿的密封塞、壓筒與壓桿擦乾淨。

6. 摩卡壺 MOKA POT

由 Alfonso Bialetti 所發明，為義大利很常
見的家庭式義式濃縮咖啡萃取工具，以鋁
製成，特色是重量輕且導熱快。利用下壺的
水煮開時產生的氣壓，將水往上推擠並萃取
出咖啡。

萃取步驟

準備工具 摩卡壺、研磨咖啡粉 10 克、冷水、瓦斯爐

將水加入下壺，不要超過安全壓
力閥的底部。

粉槽中裝滿原豆粉，並將表面抹
平。如果壓太用力的話，會無法
順利萃取，請特別留意。

將粉槽組裝於下壺中。

將上壺和下壺旋緊。

將摩卡壺放在瓦斯爐上，以小火
煮沸，火勢範圍不要超過下壺的
大小。

水煮滾後就開始萃取，聽到摩卡
壺發出嘶嘶的聲音就關火，靜置
至全部萃取完畢。

為了不使細粉流出，要慢慢地倒
入杯中。

SPECIAL RECIPE

阿芙佳朵（Affogato）

盛裝一球香草冰淇淋，搭配巧克
力醬或焦糖醬，倒入用摩卡壺萃
取的咖啡，做成阿芙佳朵。

7. 虹吸壺 SYPHONE

真空式咖啡壺的名稱 SYPHONE，其實是日本一家咖啡公司的品牌名稱，由盛裝水的下端玻璃壺，以及盛裝咖啡粉的上壺所組成。用酒精燈加熱下壺時，水蒸氣會通過真空管，往裝有咖啡粉的上部玻璃管推擠，並萃取出咖啡。咖啡的特色是苦味略重且醇度柔和。

萃取步驟

準備工具 虹吸壺、研磨咖啡粉 20 克、水 240 毫升、酒精燈

將絨布或濾紙組裝在濾器上。

將濾器放入上壺，鏈條要穿過玻璃管，拉住彈簧勾環扣住上壺的底端並固定。

將熱水倒入下壺中，用乾抹布將水氣擦乾。

將上壺斜斜地放在下壺上。上壺如果堵住下壺的出口，水還未煮開就會往上推擠，一定要特別注意。

點燃酒精燈，當水開始煮滾時，將咖啡粉放入上壺中。

當水全部流往上壺之後，用攪拌棒攪拌 10 次左右。

等 30 秒至 1 分鐘後，熄掉酒精燈。

咖啡萃取液會漸漸往下壺流下。

搖勻後倒入杯中飲用。

SPECIAL RECIPE 咖啡馬丁尼

咖啡冷卻後，將 4 至 5 顆冰塊放入雪克杯中，倒入乾琴酒 30 毫升、咖啡 90 毫升，再充分搖勻。將雞尾酒杯緣沾上砂糖，再倒入杯中。

8. 荷蘭咖啡 DUTCH COFFEE

不同於一般用熱水沖泡的滴濾方式，而是用冷水慢慢萃取的方法。由於使用的是冷水，為了要萃取出咖啡成分，就會花較長的時間，以 2 公升為基準的話，通常要 8 至 12 小時左右（1 公升以下的話約為 4 至 6 小時）。由於是一滴一滴落下的模樣，也稱作「咖啡的眼淚」，萃取出的咖啡澀味較少，並有柔和風味與獨特香氣，因而有不少狂熱者出現。

1. 浸出式

使用冷泡（Cold Brew）法，將研磨咖啡粉加入淨水中，浸泡 8 小時的萃取方式，以獲得托德·辛普森（Todd Simson）專利權的 Toddy 冷泡壺為具代表性的商品。

2. 水滴式（過濾式）

最常見的水滴萃取法就是一滴一滴慢慢落下，以長時間萃取的荷蘭萃取方式。

SPECIAL RECIPE 荷蘭冰磚拿鐵

將完成的荷蘭咖啡倒入製冰盒中，放入冷凍室結冰。杯中裝入荷蘭冰磚 7 至 8 顆，再倒入牛奶。荷蘭冰磚會慢慢融化調整濃度，再依個人喜好加入糖漿品嘗。

8. 掛耳包 DRIP BAG

為了要享用滴濾式咖啡，就需要準備濾杯、咖啡壺、手沖壺等各種工具。隨著對手沖咖啡的關心度日益提升，在辦公室或露營等戶外時，想要享用手沖咖啡的人也越來越多，掛耳包就是因而產生的替代品。在和掛耳連成一體的濾袋中，放入研磨咖啡粉，無論何時何地只要倒入熱水，就能簡單享用滴濾式咖啡。

萃取步驟

準備工具 掛耳包、熱水

將掛耳包從外包裝袋中取出。

仔細沿虛線將掛耳包的上端撕開。

將兩側的掛耳拉開，壓下前側的 Press Here 標示處固定。

兩側掛耳和前側立架掛在杯緣。

倒入 20 至 30 毫升的熱水，使原豆粉均勻浸濕。

將 180 至 200 毫升的水分成 2 至 3 次倒入。

萃取出適當的分量後，將掛耳包取下。

9. 咖啡機 COFFEE BREWER MACHINE

咖啡機又稱為 Coffee Maker，在一般家庭中很常使用。近來也推出了不少既方便又能提供穩定風味的咖啡機。雖然價格比基礎機型要偏貴，但優點是能在家中享用美味又便利的滴濾式咖啡。

Wilfa 自動咖啡機

飛利浦咖啡機

MoccaMaster

10. 膠囊咖啡機 CAPSULE COFFEE MACHINE

在原豆咖啡市場中造成熱門話題的膠囊咖啡機，以其便利性與外觀造型，成為女性心目中必備的新婚家電。優點是快速、便利且不用太多程序，就能享用義式濃縮咖啡。雖然不同的機型有不同的附加功能，但在眾多品牌的膠囊種類中，先試喝後再決定購買，才是最聰明的選擇。

Keurig K45 Elite

Nescafe Dolce Gusto

AEG Lavazza Pavola

11. 半自動義式咖啡機

這款機器讓在家也能像在咖啡館一般，享用有豐富克立瑪（Crema）的義式濃縮咖啡。由於有越來越多的顧客會在家享用咖啡，便開始推出了華麗的組合機型，從使用簡便的基礎機型到專賣店會使用到的高級性能，其中的差異也是大相逕庭。

Dalla Corte Super Mini 1G

Delonghi 1G

Faema Enova 1G

12. 濾杯

18 世紀時美利塔（Melitta）女士發明了濾杯，再開發成各式各樣的類型，是一種能享用到原豆本身的味道與香氣的萃取方法。

① Kalita 濾杯

底部有 3 個濾孔，直紋的溝槽從上端延伸至底部，能保持一定的水量，萃取出的咖啡特色是有清爽的酸味與輕盈的醇度，但不容易萃取均勻。

② Melitta 濾杯

底部有一個小濾孔，溝槽則和 Kalita 濾杯一樣。由於只有一個濾孔，水停留時間久且萃取時間長，較易過度萃取，不過能萃取出較多的咖啡成分。

③ Kono 濾杯 KŌNO

底部有一個濾孔，直紋溝槽從中間延伸到底部。狹窄的圓錐造型，能使咖啡萃取液聚集在中間，萃取出的咖啡特色為帶有厚重的醇度。缺點是味道容易出現較大的偏差。

④ Hario 濾杯 **HARIO**

濾孔和 Kono 濾杯一樣只有一個，溝槽為螺旋狀從上端延伸至底部。
Hario 濾杯萃取速度較快，特色是沒有雜味且味道柔和清澈。不過，
由於萃取速度快，萃取不足的可能性較高。

⑤ Chemex 咖啡濾壺

1941 年由德國化學家 Peter Schlumbohm 所發明，伊利諾理工學院將
其納入「現代百大設計」，並於 MOMA 紐約現代美術館中展示，是
一款在外觀造型及機能都獲得認可的萃取工具。尤其是使用 Chemex
咖啡濾壺萃取時，能有效保留香味，固定的萃取速度使味道不會有
太大的偏差。

濾器的種類

1. 法蘭絨濾布

濾布的構造比濾紙稀疏，因此可以溶解出
更多咖啡中的脂肪與油脂，這樣的特性能
使香味豐富且風味柔和。不過，由於在萃
取咖啡時，油脂成分會附著在濾布上，如
果沒有仔細清洗再乾燥的話，下次萃取
時，殘留物就會影響咖啡的味道。

2. 金屬

大部分金屬濾器都是不鏽鋼製成，可以半
永久使用。能萃取出咖啡的脂肪成分，特
色是帶有豐富的香氣與厚重的醇度。不過
無法完全過濾咖啡細粉，會有些許的乾澀
感是其缺點。

3. 紙

有漂白濾紙與天然紙漿濾紙，天然紙漿濾紙為未經漂白的淡褐色，
並有紙漿的氣味，而漂白濾紙則比天然紙漿濾紙來得潔淨。由於能
完全過濾咖啡的油脂成分，能萃取出味道清澈鮮明的咖啡，並且使
用起來相當簡便。

無漂白濾紙

漂白濾紙

手沖壺的種類

添購手沖壺時，要仔細考量材質、出水口、把手等條件再做決定購買。材質的種類有不鏽鋼、銅、珐瑯（enamel）等；出水口的壺嘴有粗的和細的，細口的壺嘴較容易倒出穩定的水柱；還有尖細出水口會比粗短的出水口更容易調節注水。而把手的類型可分為封閉式和開放式，把手的形狀和大小等，要先試握看看是否順手，再做決定要不要購買。

1. 手沖銅壺

導熱性佳，也具有裝飾效果，但如果沒有妥善保存，可能會出現變色的情形，相對來說價格較為昂貴。

2. 不鏽鋼手沖壺

最方便使用的材質，即使長久使用也不會變色，且保溫性佳，是很多人會選用的手沖壺。

3. 珐瑯手沖壺

表面是以高溫燒附上去的珐瑯材質，不僅衛生且耐用，造型也很美觀。不過，長久使用後珐瑯可能會脫落，要特別注意。

認識義式咖啡機

人們喝了咖啡之後，
為了追求更好的咖啡品質，便一再反覆進行咖啡機的研發。
透過認識機器的原理與構造，就能萃取出更好的義式濃縮咖啡。

機器的演變

① 咖啡萃取方式的變化

7 世紀的加爾第（Kaldi）發現了咖啡以後，從阿拉伯半島、土耳其再傳入歐洲。1720 年威尼斯的「弗洛里安咖啡館」（Caffe Florian）開幕，之後出現了無數咖啡館，使得咖啡席捲了歐洲各地。當時是直接傳入土耳其式的咖啡文化，土耳其式的咖啡歸類為酒類，在小酒杯中放入水、咖啡粉，再依個人喜好加入砂糖或香料一起煎煮再飲用。後來為了改良土耳其式咖啡乾澀的口感與雜味，便先在熱水中加入咖啡粉，再用布料當成濾器來過濾，這種方式漸漸變得普及，就成為了滴濾式咖啡的起源。

此外，18 世紀歐洲的咖啡館，會將滴濾式咖啡加入牛奶做成柔順的咖啡拿鐵，也會提供土耳其咖啡，發展出各式各樣的萃取方法。特別是人們開始喜歡聚集在咖啡館，便苦惱著如何在短時間內大量做出濃郁且爽口的咖啡。因此到了 19 世紀，便以義大利北部為中心，研究製造了各種能提高萃取速度的機器。

① 萃取速度的變化

當熱水通過研磨好的咖啡粉末粒子間，溶解出咖啡成分，便萃取成一杯咖啡。為了加快這個過程的速度，研究出各種將熱水推擠出去的方式，便因此出現了各式各樣的萃取方法。

1. 真空萃取

蘇格蘭人羅伯特・奈菲爾（Robert Napier）於 1840 年所開發的真空萃取工具，可以說是現代的虹吸壺（Syphone）的原型。

真空萃取法是利用水加熱時所產生的水蒸氣。水加熱時，會產生水蒸氣，而水蒸氣再將煮沸的水推擠至另一個容器中，使其和咖啡粉混合。此時停止加熱的話，在水蒸氣冷卻的同時，氣壓也會急速下降，另一個容器中的水就會回到原本的容器中，並萃取出咖啡。因為熱水和咖啡粉混合的緣故，雖然較無法去除雜質，但算是萃取力強的方法。

2. 蒸氣壓法

和真空萃取法相反，而是研究如何將熱水加壓的方法，於 1855 年巴黎的萬國博覽會上，首次公開實際操作的機器。由 Edward Loysel de Santais 所研發，為附有蒸氣機的大橢圓形機器，據說一小時能萃取 1 千杯的咖啡。用蒸氣壓將熱水往上推擠後，利用高低差與熱水的重量，通過下部橢圓形容器中的咖啡粉的萃取方式。不過由於體積太大，加上萃取方式過於複雜，所以不易普及。

到了 19 世紀，義大利米蘭人 Luigi Bezzera 所發明的蒸氣壓機器取得專利，於 1906 年的米蘭博覽會首次露面。Bezzera 的博覽會展位上寫著「Cafe Espresso」，因此用這個機器萃取出的咖啡就被稱為 Espresso。Bezzera 的機器不同於 Loysel 的機器，不是以壺為萃取單位，而是將咖啡粉裝在粉槽中，直接用杯子一杯、兩杯萃取出來，和現代的義式咖啡機較相似。

1903 年 Desiderio Pavoni 取得 Bezzera 的專利使用權，開始生產名為 La Pavoni 的機器，原本熟悉土耳其咖啡的義大利咖啡館，對 Pavoni 的機器有極好的評價，直至 1920 年，這個在機器上端用黃銅裝飾的塔型機器，成為咖啡館中最尋常的風景。1905 年 Teresio Arduino 製作出與 La Pavoni 類似的義式咖啡機，獲得不少人氣並成為許多義式咖啡機的範本。

3. 活塞式

以蒸氣壓來萃取的義式咖啡機，是利用內部鍋爐的水煮滾後，所產生的蒸氣壓達到飽和時，將水推擠出去的原理，約會產生 1.5 氣壓的壓力，一旦蒸氣所推擠的滾水通過咖啡粉，就能萃取出咖啡，但由於導入的是高溫的水，會使咖啡產生較重的澀味及苦味。通常在 1 氣壓下，水的沸點為 100℃，壓力越高沸點就越低，原本在 95℃無法萃取出的可溶性成分，都會一併被萃取出來，咖啡的雜味就會變得明顯。因此，機器製造業者便開始研發既快速又能維持咖啡香氣的方法。

1938 年義大利米蘭的 Signore Cremonesi 與 Achille Gaggia 研發了活塞的方式。當槓桿拉至水平時，活塞會旋轉降至底部，藉此將熱水注入咖啡粉，Cremonesi 便將這個原理開發成機器。同年 Gaggia 也開發了活塞的方式，Cremonesi 過世後，便取得其專利，1948 年成立了 Gaggia 公司，開始正式量產彈簧活塞式咖啡機。

Gaggia 開發的活塞式咖啡機是目前仍被使用的手動咖啡機原型，將機器的槓桿往上提時，活塞便會往上升，並導入底下的熱水，再壓下槓桿，活塞也隨之下降，將熱水壓縮注入咖啡粉再萃取出來。這種方式即使水的溫度不高，活塞的壓力只要達 8 至 9 氣壓的高壓，就能維持咖啡的香味。此時還會有意想不到的情況，就是代表義式濃縮咖啡品質的克立瑪（Crema）出現了。

活塞式咖啡機的出現，讓咖啡機在義大利地區的許多咖啡館和酒館中變得普及，也是一位熟練的咖啡師，為了穩定的咖啡品質必備的技術。此後，為了品質的穩定，更繼續不停地努力研發機器。

TIP 克立瑪（Crema）

隨著義式咖啡機的發明，將高壓加在咖啡中，還會產生另一個附屬品，就是克立瑪。Crema 是義大利文奶油的意思，克立瑪是利用壓力將存在於咖啡中的氣體與油脂成分乳化，由許多細微的泡泡所組成。好的克立瑪多為紅褐色，有柔軟的觸感及濃厚的濃度。此外，克立瑪還能鎖住揮發性的香氣成分，因此在品嘗義式濃縮咖啡時，就能一直感受到香氣。假使咖啡放得太久，會使咖啡本身的氣體大量損失，就無法產生克立瑪。因此，克立瑪的狀態和持久性，就是確定義式濃縮咖啡品質的基準。

4. 電動式幫浦

1950 年代之後，將活塞式加以改良，並開發出各式的咖啡機。

利用活塞式咖啡機的水壓，開發出能簡便萃取的水壓式活塞，但因為每個地區的水壓不同，所以較不易普及。還有將萃取咖啡時用來煮沸水的鍋爐，以及加熱牛奶使用的蒸氣機鍋爐，兩者加以分離的機型也開始出現。不過這種機器通常體積較大，使用起來困難，於是開發了傳統幫浦，義式咖啡機的革新正式開始。

FAEMA 公司於 1961 年首次使用電動幫浦，推出了義式咖啡機 Faema E61。電動幫浦固定會生成約 9 氣壓的高壓，還將原本縱向的構造換成橫向，把機器改良成較小機型。

機器的種類和構造

① 機器的種類

1. 手動機型

手動機型是利用活塞式槓桿原理的
機器。將機器的槓桿往上提或下
壓，提起活塞並導入熱水，再將槓
桿移至相反方向，使活塞往下降，
注入熱水來萃取咖啡。利用槓桿原

理來移動槓桿，雖然不用花費太大力氣，但每次萃取時都要上上下
下移動，較為繁瑣，且不容易快速操作。此外，由於是以人工萃取
的方式，為了呈現一定的咖啡香氣，就需要熟練的咖啡師技術。

2. 半自動機型

維持固定的壓力、便利性等
所開發的半自動機型，是使
用最普遍的機型。由於磨豆
機和咖啡機分離，不會直接
將熱傳導至原豆，比起手動
式，更能萃取出香味變化較

小的義式濃縮咖啡。不過，由於原豆的研磨度、投入量等變數，專
業咖啡師的能力就顯得格外重要。最近更加以電子化的改良，使用
者可以細部調整壓力、溫度等功能，就能萃取出更多樣的義式濃縮
咖啡。

3. 自動機型

自動機型大部分都附有磨豆機，不用其他程序，只需按下一個按鍵，就能萃取出咖啡。此外，由於內建程式，無論是誰都能做出類似味道的咖啡。還有萃取一定的分量後，會自動清洗內部的機型。在咖啡師無法常駐的辦公室、醫院、餐廳等地，都很常見。不過，由於原豆的消耗量小，機器內部磨豆機盛裝的原豆放置太久的話，就很容易變質。缺點是除了設定好的飲品種類，較難做出其他的飲料。

TIP 不同種類機型的特徵

手 動	半自動	自 動
特徵 槓桿式	特徵 幫浦式	特徵 幫浦式
磨豆機 需要	磨豆機 需要	磨豆機 內建
優點	優點	優點
• 可以表現纖細的味道	• 便利的記憶功能	• 只要一個按鍵就能輕鬆做出飲品
• 視覺上的效果	• 容易做出想要的味道	
缺點	缺點	缺點
• 比半自動較慢	• 需要寬敞的擺設空間	• 其他設定較麻煩
• 難以萃取出一致的味道	• 需要咖啡師的專業度	• 難以維持味道的品質
• 需要熟練的咖啡師		

① 機器的外觀構造

以賣場中最常使用的半自動機型為主，一起來認識機器的外觀構造
與機能。

1. 電源

能供給機器電力的開關，形態可分為和
照片中一樣的轉動式或按鍵式，不同的
機器種類會有些許差異。轉到開關的
「1」就能供給電力（ON），轉到「0」就能切斷電源。

2. 滴水盤

由放置杯子的滴水盤格柵，以及盛水並
排出的滴水盤所構成。放置杯子的滴水

盤格柵，在萃取前後要都用乾淨的抹布擦拭，避免讓杯子沾到殘渣。滴水盤則是盛接從沖煮頭或熱水噴管等滴落出來的水，再透過水盤下端的排水孔將水排出。不時要確認排水孔是否乾淨以及沒有堵塞，如果有殘渣的話，就要灌水清洗以保持暢通。

3. 壓力表

標示機器內部壓力的計量器，由幫浦壓力表和鍋爐壓力表所組成。幫浦壓力表是標示萃取咖啡時需要的壓力，範圍從 0 至 15bar，平時指向 1 至 2bar 的基本水壓，萃取咖啡時則指向 8 至 10bar 的幫浦壓力。如要設定萃取時的壓力，就要以萃取時上升中的幫浦壓力為基準來調整。

鍋爐壓力表是標示主鍋爐內的壓力，範圍從 0 至 2.5（有些機型會到 3）。機器自動預熱結束後，平均要維持 1 至 1.5bar，假使指針指到紅色範圍，就表示鍋爐內的壓力變高，需要馬上檢查。

幫浦壓力表

運轉前　　　　　　運轉後

鍋爐壓力表

運轉前　　　　　　運轉後

4. 蒸氣閥

為了使用蒸氣而開啟的旋鈕，不同的機型外觀會有些許不同。

5. 蒸氣噴管

蒸氣噴管的功能是將內鍋爐的水蒸氣排出，用來加熱牛奶。使用前後，直接碰到牛奶的部分，要用蒸氣噴管專用的抹布擦乾，並經常保持清潔。

 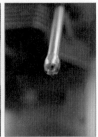

蒸氣噴管　　　　　蒸氣噴管噴嘴

TIP 清洗蒸氣噴管

營業時間結束後，在蒸氣壺中裝水，將卡在噴管中的殘渣泡軟，以利隔天清洗。並要定期將蒸氣噴管的噴嘴拆下，用軟毛刷子刷洗噴管內側，噴嘴的小洞也要刷洗避免堵塞。

使用後清洗　　　　　營業時間結束後清洗

---

6. 熱水出水口

在主鍋爐中加熱的水出水的地方。由於持續地出水，可能會產生水垢或異物，需要定期拆卸清洗。

熱水出水口　　　　　　　　熱水出水口運轉時

7. 濾器把手

濾器把手是直接盛裝咖啡粉的部分，由可嵌入濾器的濾器把手、彈簧、濾器、出水口所組成。為了保持溫度，一般濾器把手是由銅所製成，外面再鍍上鉻。

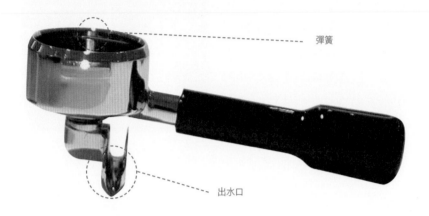

彈簧

出水口

濾器把手的構成組件

① 彈簧

彈簧能讓濾器把手中的濾器穩固地組裝上去，清洗時也要將彈簧拆下洗淨。

② 濾器

根據要放的咖啡粉分量，再選擇要使用的濾器尺寸。每天營業時間後都要清洗，保持濾器的乾淨非常重要。

7克　　　　　16克　　　　　21克

③ 出水口

萃取好的咖啡流出的萃取口，可透過出水口分成1杯用和2杯用。由於出水口是直接接觸咖啡的部分，進行盛裝咖啡的動作時，要避免碰到桌面或滴水盤格柵。

8. 沖煮頭

將盛裝咖啡粉的濾器把手安裝上去後，實際上萃取咖啡的地方。依沖煮頭的數量，可分為單鍋爐咖啡機或雙鍋爐咖啡機。萃取咖啡時，會通過沖煮頭排出強大的水流，為了能均勻浸濕咖

沖煮頭運轉前　　　　　沖煮頭運轉後

啡粉，就會安裝灑水濾器以及能固定灑水濾器的灑水架。此外，沖煮頭尚有橡膠墊圈，有助於萃取時壓力不會過大。由於沖煮頭是直接接觸咖啡的部分，持續地清潔與保養就很重要。

灑水濾器使用得越久，噴水的小孔會出現被咖啡渣堵塞的情形，因此每周至少要一次，將灑水濾器和灑水架拆開，用洗潔劑清洗；假設卡住太多咖啡渣，或是水無法噴出往一邊歪斜，就要置換新的來使用。將濾器把手扣回沖煮頭時，如果失去彈性或水柱太強，通常是因為墊圈磨損或硬化，也要更換新的使用。置換時，使用尖銳的錐子或螺絲起子，將內側磨損的墊圈取出，再把新的墊圈放在濾器把手上組裝上去即可。

9. 按鍵

萃取鍵的模樣、位置等雖然會因不同機型而有些不一樣，但功能幾乎都很類似。由少量的 1 杯和 2 杯、多量的 1 杯和 2 杯、連續萃取鍵，以及流出熱水的熱水鍵所組成。除了連續萃取鍵，其他 5 個按鍵都能另外設定，可以根據賣場的經營狀況後調整使用。

不同功能的組合按鍵

熱水鍵

① 機器的內部構造

1. 鍋爐

鍋爐是將水加熱至適當溫度，用來萃取咖啡、供應熱水和蒸氣的裝置。根據不同的構造，有一體成型、獨立型與混合型等各種類型。

① 一體成型鍋爐

一個主鍋爐就能用來提供熱水、蒸氣和萃取的一體成型構造，由於構造單純所以價格較便宜。不過，缺點是如果要用到大量熱水時，為了維持水位就會導入冷水，咖啡萃取用水的水溫也會同時下降。為了彌補這種狀況，選擇鍋爐容量大的機型較佳。

■ 一體成型鍋爐的構造

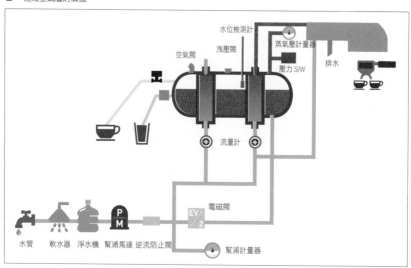

② 獨立型鍋爐

為了維持咖啡萃取用水的水溫，構造會分成主鍋爐和萃取鍋爐。每個沖煮頭有各自獨立的鍋爐，使主鍋爐的溫度不受影響，優點是能維持穩定的溫度。此外，由於可以設定好每個沖煮頭的萃取溫度，就能呈現各式各樣的味道。不過，由於沖煮頭鍋爐的容量不大，需要大量萃取時，就會導入冷水使咖啡萃取用水的水溫下降，冬天就可能有凍裂的危險，因此要多加注意。

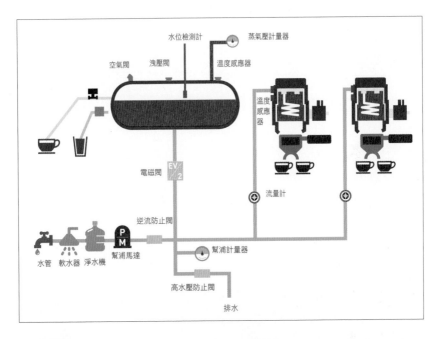

2. 加熱器

具有將主鍋爐和沖煮頭鍋爐中的水加熱的功能。鍋爐內的水位變低的話，就會導入冷水使溫度下降，為了重新加熱，加熱器就會開始運轉。由於持續泡在水中，

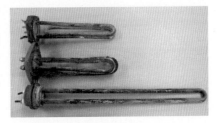

可能會出現腐蝕或長水垢的情形，因此需要持續地保養。

3. 洩壓閥

一般來說，主鍋爐要維持在 1 至 1.3bar 的壓力，一旦到達 2bar 以上的高壓，安全閥中的彈簧就會壓縮，將部分的壓力洩出。假使洩壓閥沒有完全運作，壓力持續升高的話，最好將機器關掉並申請維修服務。因為鍋爐內充滿了熱水與高壓，直接隨便觸摸是很危險的。

4. 水位檢測計

主鍋爐中並非總是充滿了水，而是有約70％的水與30％的水蒸氣。若用到熱水或蒸氣時，水位會變低，就能用檢測計來感應水位高低。和加熱器一樣，長時間使用的話，會卡上水垢，使得感應功能不靈敏而無法探測水位。

5. 流量計

萃取咖啡時感應水量的檢測器，是由水量檢測器、感應水量流動的

磁石，以及主機所構成。當水供給到主機後，內部的流量磁石就會
旋轉，就可依旋轉數來測量水量。

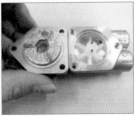

6. 電動供水閥
為供給冷水至主鍋爐的閥門，當主鍋爐內的水位變低時，便會自動
運轉。假使出現故障的情況，就會持續供水，使鍋爐中的水溢出。

7. 逆流防止閥
防止鍋爐中的熱水逆流至幫浦
中的裝置。閥門如果發生故障，
第一次萃取的咖啡和之後萃取
的咖啡的分量就會不同，如果持
續出現這樣的狀態，就會縮短幫
浦的壽命。

8. 高水壓防止閥
當主鍋爐中的水壓比基準值高時，
能自動運轉調整水壓。閥門如果
出現問題，幫浦運轉時，水流至
排水槽的速度就會減慢，便無法
萃取出正常的義式濃縮咖啡。

9. 蒸氣閥

能將主鍋爐中的蒸氣排出的轉閥，隨著不同的開啟程度，蒸氣壓也
會不同。假使蒸氣閥鎖緊，仍會有少量水從噴管中流出的話，有可
能是蒸氣閥磨損，需要換新。如果繼續使用，會使鍋爐的壓力降低，
因而反覆進行預熱的步驟，造成機器過度運轉且電費大增。

 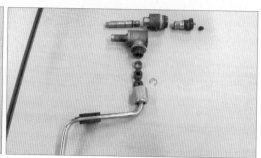

10. 電動熱水閥

流出或阻隔熱水的調控閥門。供電後，會拉動內部的錘子使熱水流
出；斷電後錘子會因彈簧恢復原位，並阻隔熱水。熱水量可從主機
板輸入的時間長短來調節。

11. 空氣閥

空氣閥是將鍋爐中的空氣排出的裝置。鍋爐中的水加熱時，既有的空氣也會在其中一起膨脹，因此難以維持一定的溫度，所以水在加熱時，就要透過空氣閥將空氣一點一點排出。

12. 幫浦馬達（泵馬達）

幫浦馬達是如同汽車的引擎一樣重要的裝置，能穩定提供萃取咖啡時所需的 7 至 9bar 左右的高壓。為了萃取出完美的義式濃縮咖啡，各種變數中最重要的就是壓力。壓力如果不穩定或過低，就無法產生克立瑪，也無法萃取出咖啡豐富的香氣和味道。如果無法順暢供水至馬達時，機器會出現「嗡嗡」的聲音，持續太久的話，機器就會過熱，請特別注意。

旋轉幫浦頭上的調整螺絲就能調節壓力大小，由於幫浦只有在萃取時才會啟動，如果需調整壓力的話，要在按下萃取鈕的狀態下進行。一般來說，順時鐘方向旋轉可以增加壓力，而逆時鐘旋轉則能夠降低壓力。

機器的保養

每天結束時

※ 逆洗（backflushing）：按下萃取鍵，啟動約 10 秒再停止，反覆進行 4 至 5 次。（機器如果有自動清洗功能，則啟動清洗模式。）

將無孔濾器放入濾器把手，並扣回沖煮頭。

進行逆洗清除沖煮頭內部的咖啡渣。

分別將濾器把手和內部的濾器拆開清洗。

以乾淨的抹布擦拭蒸氣噴管與沖煮頭。

分別將滴水盤與滴水盤格柵拆開清洗。

用熱水將排水管中的殘渣沖乾淨。

在蒸氣壺中裝熱水浸泡蒸氣噴管。

清潔劑清洗

將無孔濾器放入濾器把手,倒入 1/2 茶匙的義式咖啡機專用清潔劑,並扣回沖煮頭。

進行逆洗清除沖煮頭內部的咖啡渣。(機器如果有自動清洗功能,則啟動清洗模式。)

旋開沖煮頭的螺絲,將灑水濾器和灑水架拆開。

將乾淨的咖啡渣桶(nockbox)裝滿熱水,倒入 2 茶匙的義式咖啡機專用清潔劑。

將濾器把手、內部濾器、灑水濾器、灑水架和螺絲放入浸泡。

以乾淨的抹布擦拭蒸氣噴管與沖煮頭。

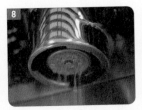

將浸泡過清潔劑的各個配件清洗乾淨。

將灑水架、灑水濾器和螺絲安裝回沖煮頭,並確認水是否能順利流出。

分別將滴水盤與滴水盤格柵拆開清洗。

在蒸氣壺中裝熱水用來浸泡蒸氣噴管。

■ 清洗濾器　　　　清洗前　　清洗後

■ 清洗灑水濾器　　　清洗前　　清洗後

研磨咖啡

為了萃取出咖啡，要增加咖啡粉與水接觸的表面積，
使咖啡中的可溶性成分釋放出來。
因此在萃取前，要經過研磨咖啡的步驟，
不同的研磨粒度，咖啡品質也會有極大的差異。
由於咖啡會受到周邊環境產生持續的變化，
為了能萃取出完美的咖啡，
就需要理解研磨的知識，並調整適當的粒度。

磨豆機的種類

磨豆機的重要性在於能以均一的粒度研磨咖啡，並減少發熱使香氣的損失達到最小。不同的刀片類型和直徑、轉速，都會影響研磨的品質，因此要選擇用起來最適合的磨豆機。

磨豆機刀片的種類

1. 螺旋槳式

和攪拌機一樣的螺旋槳式刀片，是用研磨的時間長短來調整粒度粗細。由於構造簡單、價格便宜，是一般家庭常用的機型。但發熱嚴重會減少咖啡的香氣，且不易調整均一的粒度。

2. 錐刀式

錐刀式（圓錐形）的刀片常用在手搖式的磨豆機，和其他類型相比轉速較慢，且不易發熱，但研磨粒度不均。

3. 平刀式

最常使用的平刀式（平面形）磨豆機，是用上下刀片透過旋轉咬合來研磨咖啡。轉速高能快速均勻地研磨，但缺點是摩擦力容易發熱。由於是以互相磨合的方式來研磨，長久使用後刀片會變鈍，平均磨了 300 至 400 克的原豆後，就需要更換，依店家的使用量也會有所差異。

4. 磨筒式

長長的圓筒狀磨筒磨豆機，主要是需要大量研磨的工廠使用。由兩個一對的圓筒來研磨，透過 3 至 4 對刀片進行多次的粉碎，因此粒度均勻，也可以調整細粉的量。

磨豆機的構造

② 儲豆槽

④ 粒度調整盤

③ 進豆閥

⑤ 分量器

⑥ 出粉撥桿

⑦ 濾器把手支架

① 電源

1. 電源

供給電力的裝置，自動磨豆機只有在電源供應時才能進行研磨。

2. 儲豆槽

盛裝原豆的容器，平均可裝 500 克至 1 公斤的分量。但如果用量不
多，卻裝太滿放置不管的話，暴露在氧氣和陽光下的原豆，會很容
易腐敗，建議對照使用量盛裝適量較佳。

3. 進豆閥

將儲豆槽中的原豆撥入刀片的閥門，要將儲豆槽拆開時，一定要將閥門關上再進行。此外，如果閥門沒有打開就進行研磨，讓磨豆機的刀片空轉的話，可能會造成磨損，因此研磨前一定要再確認。

4. 粒度調整盤

調節上下刀片間隔的裝置，數字越小間隔就越小，研磨粒度就越細；數字越大則間隔越寬，粒度就越粗。持續往數字越大的一邊旋轉，就能將粒度調整盤拆下。

5. 分量器

盛裝研磨好的咖啡粉容器，有能調整內部分量的葉片。壓住葉片將螺絲鎖緊，每次的出粉量就會變少，將螺絲鬆開，出粉量就會變多。

6. 出粉撥桿

拉下撥桿使分量器中適當分量的研磨咖啡粉掉下。

7. 濾器把手支架

裝咖啡粉時，放置濾器把手的支架。

磨豆機的設置方法

旋轉粒度調整盤,調至適合萃取的研磨粒度。數字越小越細,數字越大越粗。

開啟電源,先研磨少許分量。

用湯匙舀起咖啡粉,確認研磨的程度。多練習幾次後,手的觸感就能記住粒度粗細,還可減少原豆的浪費。如果不是適合的粒度,倒掉兩杯份的咖啡粉後,再重新調整。

將咖啡粉裝入濾器把手。

扣除空濾器把手的重量,計算盛裝咖啡粉的重量。

將上方抹平後,進行填壓,再扣回沖煮頭。

確認萃取時間、萃取量和咖啡香味,觀察咖啡是否有完全萃取。

磨豆機的保養方法

磨豆機是直接盛裝並研磨咖啡的機器，因此要經常保持清潔。雖然根據磨豆機的使用量會有所差異，但刀片以一個月清理一次為佳，儲豆槽則是每隔一周清理一次。不過，若是研磨重烘焙的原豆，就會因為油脂而容易腐壞，並看起來髒亂，建議要更常清理。

清理磨豆機的方法

將儲豆槽的進豆閥關上後拆下，將原豆裝入密封袋或密封容器中保存。

固定螺絲往下拉，將粒度調整盤持續往數字大的一邊旋轉鬆開並拆下。

利用刷子或吸塵器將下方刀片部分的咖啡渣清乾淨。

粒度調整盤上的刀片也一起清理。如果用水清洗的話，可能會造成生鏽的狀況，因此要在乾燥狀態下清理。

拆開上下刀片，利用吸塵器清除咖啡渣。由於咖啡渣可能會卡在螺絲的溝槽中，組裝時如果沒有將螺絲完全鎖緊，可能會使刀片磨損，請特別注意。

將刀片重新組裝回去，粒度調整盤也安裝回磨豆機。

萃取一杯完美的義式濃縮咖啡

小小的杯中裝著紅褐色、有著厚重且密實泡沫的
濃郁液體——義式濃縮咖啡。
為了呈現其豐富的香味，就需要熟知義式濃縮咖啡的萃取原理，
並掌控各式各樣的影響變數。

完美的義式濃縮咖啡

① 義式濃縮咖啡的基本認識

盛裝在 50 毫升的小杯中，紅褐色、帶有厚重且
密實泡沫的濃郁液體，這一小杯的飲料，就是全
世界一天可賣到 5 千萬杯的義式濃縮咖啡。義式
濃縮咖啡（Espresso）有著 Express 的意思，從字
面上來看就可以得知，是在短時間內迅速萃取並
供應的飲料。這一小杯的飲料喚醒了許多人的早
晨，一起共度了時光並找回生活中的悠閒。

① 究竟怎樣才算是好的義式濃縮咖啡

從義式濃縮咖啡的定義來看，義式濃縮咖啡是細研磨、利用 7 至
9bar 的高壓、以 20 至 30 秒的時間，萃取出 30 毫升以內的濃稠中
帶有豐富且集中香味的咖啡。

為了萃取出這樣的咖啡，要有新鮮水質、品質好的生豆、能維持穩
定萃取溫度與壓力的咖啡機，以及能研磨出一致粗細的磨豆機等許
多必備要素。其中又以能控制所有要素的專業咖啡師，為最重要的
條件之一。

■ 義式濃縮咖啡的萃取標準

標準	SCAA, SCAE	Italian
加入的咖啡量	7～9g（雙份：14～18g）	6.5±1.5g
水溫	92～95℃	90±5℃
壓力	9～10bar	9±2bar
萃取時間	20～30 秒	30±5 秒
萃取量	20～30ml	25±5ml

將研磨好的咖啡粉裝入濾器把手中，再注入高壓的水就完成萃取。此時通過的水要定量，才能維持義式濃縮咖啡的品質。施加在咖啡中的壓力，是由壓實咖啡粉的阻力值、動壓與大氣壓所組成。咖啡粉如果研磨的比較粗，或是分量較少，咖啡的阻力值就會變小，無法承受壓力使萃取速度變快，而產生萃取不足的問題。

相反地，研磨得過細或是分量太多，施加在咖啡中的壓力無法抵消阻力值，就會使速度變慢，或是萃取不順暢，就成了過度萃取。因此，優秀的咖啡師要有能調整咖啡阻力值，正確萃取義式濃縮咖啡的能力。

1. 適當萃取

萃取時，如果有像黏稠的蜂蜜般滴落、並帶著榛果般紅褐色的克立瑪，均勻覆蓋在咖啡上，就代表是均勻萃取出成分的狀態。

2. 萃取不足 UNDER EXTRACTION

指水通過咖啡的速度太快，成分無法被充分萃取出的狀態。

3. 過度萃取 OVER EXTRACTION

指長時間持續萃取，不想要的成分也全部被萃取出來。

■ 萃取不足與過度萃取

變數	萃取不足	過度萃取
咖啡研磨度	粗粉	細粉
加入的咖啡量	少量	多量
水溫	低溫	高溫
壓力	低壓	高壓
填壓強度	弱	強

義式濃縮咖啡萃取技巧

為了能正確萃取出好的義式濃縮咖啡，前面所述的萃取變數數值固然重要，但以變數為基礎，能進行迅速且一致的萃取步驟也不可忽視。咖啡從烘焙過後品質就會逐漸下降，尤其在研磨後，香味會散失得更快。因此，為了能維持咖啡的品質，研磨後從裝入濾器把手開始，就要迅速完成以下的動作。

裝粉（Dosing）

利用分量器的出粉撥桿，將磨豆機研磨好的咖啡粉，裝入適當分量至濾器把手中。

抹平（Leveling）

為了使咖啡均勻承受一致的壓力，要將表面抹平沒有任何一邊歪斜。

第一次填壓（1st Tamping）

使咖啡盛裝均勻且呈水平狀。填壓後以彈簧線為基準，確認是否為水平。

敲打（Tapping）

稍微敲打濾器把手的外圍側面，將附著在邊邊的咖啡粉抖落。如果敲得太大力，或直接敲打濾器的話，會使咖啡龜裂，要特別注意。最近也有人不會敲打，填壓後就結束。

第二次填壓（2ed Tamping）

敲打後將陷落的咖啡再壓實，留意咖啡的阻力值並用力壓下。

清潔濾器把手上端

將濾器把手上端濾器上的咖啡粉撥除。

排水

安裝之前，先按下萃取鍵 2 至 3 秒，讓一些水流出，同時沖洗灑水濾器上的殘渣並預熱。這個步驟亦能先流掉前段的熱水，維持一定的萃取溫度。

安裝

將濾器把手對準沖煮頭的溝槽，輕輕地扣上去。安裝時如果用力碰撞機器，可能會使壓實的咖啡破裂，要特別留意。

萃取

迅速按下按鍵開始萃取咖啡。安裝過後，內部的咖啡香味會隨著時間散失，建議不要置放太久。

評價義式濃縮咖啡

義式濃縮咖啡是許多飲料的基底，因此透過客觀的評價，萃取出最適當的義式濃縮咖啡，就顯得格外重要。由於評價味道和香氣，會因個人的喜好和感覺而有所差異，不是件容易的工作，但經過累積的經驗和持續的訓練，就能學習到各式各樣的詮釋方法，以及用客觀的標準來評價的能力。

義式濃縮咖啡的評價標準

1. 克立瑪（Crema）

顏色不會太深或太淡，為紅褐色的金黃克立瑪，厚約 3 公釐，覆蓋在義式濃縮咖啡上。如果將杯子傾斜，也看不到咖啡原液，這樣的克立瑪分量才最為適當。

2. 香氣（Aroma）

飲用前，將義式濃縮咖啡的杯子轉一下，把克立瑪稍微弄破，義式濃縮咖啡被覆蓋住的香氣就會湧上來。以香氣的強烈程度與多樣豐富性來評價。

3. 質感（Mouthfeel）

義式濃縮咖啡是萃取咖啡中的水溶性成分與不溶性成分，和滴濾式咖啡不同，飲用時會帶有強烈的深沉、濃稠或滑順的感覺。品嘗時會評價是否有粗糙、刺激性或澀味等負面的感受，或是像奶油一般滑順，如同含著奶霜一樣，口中充滿豐富的感受等正面評價。

4. 風味（Flavor）

啜飲義式濃縮咖啡時，留在口中與舌頭的感覺與香氣等綜合感受，又以豐富且複雜的平衡感最為重要。

5. 味道的調和（Balance）

評價從咖啡中嘗到的酸味、甜味、苦味與質感等是否協調。不是強烈的酸味，而是要以從柳橙、櫻桃等水果中感受到的清爽感為基準；甜味則是類似蜂蜜、楓糖糖漿等的滑順甜味。至於苦味並非刺激性的苦味，要像黑巧克力、可可一般略帶苦味。所有的味道與質感都不會太重或過於刺激，並互相協調平衡的話，就能獲得高分。

6. 後味（Aftertaste）

飲用完後，以隱隱留在口中的餘韻作為評價基準。不會太快消失或有苦澀味，帶有的香味或清爽感等韻味能長久持續的話，就能得到較高的評價。

給咖啡師的經營祕訣

不只是在賣場單純地製作咖啡，
為了讓賣場中的顧客獲得滿足，提供各種服務、
並努力改善品質也很重要。此外，由於咖啡是給人喝的飲料，
也要徹底進行食品衛生管理。

服務

① 服務環境的變化

隨著人們消費模式的改變，服務環境也跟著大幅進步。到 2000 年代初期，只是讓顧客滿足的時代，從中期之後為讓顧客感動的時代，最近則是要讓顧客「失神」的時代。也就是說顧客對於服務的標準逐漸變高，提高服務品質便一直是我們的課題。

最近的服務趨勢為顧客體驗。透過給顧客的體驗，來提供服務並宣傳品牌，給予其新的感動的行銷服務，這樣的例子不少。以可口可樂這個品牌為例，他們曾在市中心附近鋪上草皮，再擺放一台可口可樂販賣機、樹木以及兔子之類的動物，以在一旁靜觀的市民為對象，提供他們品嘗可樂、享受大自然的療癒時光。可口可樂雖然已是許多人知道的品牌，但透過提供顧客這樣的體驗，就能留下嶄新的印象。

服務的環境也是如此，永無止盡地在進行變化。因此，為了能引領趨勢，就要持續地改善服務。

① 服務從業人員的姿態

當我們被服務時，對於所遇到的人，會重視對方的儀容服裝、表情、姿態等，同樣地，對於服務從業人員來說，這些態度也是最重要的，因為服務從業人員就是評價該品牌時的基本要素。

1. 服裝儀容

❶ 髮型

髮型要整齊且瀏海不能遮住眼睛。兩旁的頭髮（鬢角）則要修短並整理得乾淨俐落。

❷ 臉

每天早上要用刮鬍刀修乾淨，盡量不要使用不適合的底霜。

❸ 手

手要隨時清洗乾淨，指甲要修短以及保持整潔。

❹ 制服

制服要經常保持清潔，尤其要留意圍裙的整潔，並穿著合身俐落的制服。鞋子不能有咖啡渣或咖啡漬。名牌要佩戴在顯眼處。

❶ 髮型

長髮要用髮網收整齊綁好，短髮則要塞耳後，注意不要披頭散髮。盡量不要染誇張的顏色，邊邊的小雜毛可使用造型品固定整齊。

❷ 臉

盡量不要化太誇張的妝，妝容要適當，並要和口紅同個色系，使整體有明亮的感覺。

❸ 手

手要經常保持乾淨，指甲不要擦指甲油並修短。

❹ 制服

制服要經常保持清潔，尤其要留意圍裙的整潔，鞋子也要保持乾淨，名牌要佩戴在顯眼處。

2. 微笑

發自內心而笑時，通常會從眼睛開始微笑，因此在我們對顧客微笑的每個當下，顧客都會知道是否為真心的微笑。開朗的微笑是服務從業人員的必要條件，更要記得真誠的笑容才能吸引顧客。

3. 接待的姿態

接待顧客時，要將雙手交疊放在肚臍的位置，以這樣的姿勢站好，不要使用手機也不要和同事閒聊。沒有人點餐時，要巡視賣場並整理桌椅等，並將備品桌上的消耗品補齊。

⑦ 服務的話術

和顧客對話時，要避免使用否定的用語，並且要看著對方的眼睛輕聲說話。

❶ 信賴感的話術

使用 70％的格式體敬語與 30％的非格式體敬語[4]，較能讓人覺得被尊敬且有信賴感。

❷ 委託話術

「等一下」→「請稍等我一下」。

❸ 轉折話術

活用「很抱歉，不過～」、「雖然您很忙，不過～」、「很對不起，不過～」等轉折用語，就能讓對話更圓融。

❹ 附和話術

透過簡單的附和、表示同意的附和、總結的附和、催促的附和、肢體的附和等，來表示對對方的話有同感。

❺ Aronson[5] 話術

將缺點轉成優點的語法。舉例來說，假使對方提出「這個為什麼比較貴？」的疑問時，就可以回答「是，雖然貴但品質好」，以這種方式來呈現的語法。

❻ 稱讚話術

肯定並提升對方的話術。

[4] 譯註：韓文會因說話對象的長幼或身份尊卑不同，而有敬語、半語之分，格式體敬語為다、까結尾的句子，非格式體敬語為요、죠結尾的句子。

[5] 譯註：由美國社會心理學家 Elliot Aronson 所提出。

⑤ 接待服務

1. 問候

一定要先向顧客問好。問候的方式有三種，輕鬆的問候、一般的問候以及慎重的問候。

> **輕鬆的問候** 15 度左右輕鬆地行禮，在狹窄的場所或走道遇見時的招呼方式。
>
> **一般的問候** 30 度左右鞠躬的一般問候，在說「您好」、「歡迎光臨」時使用。
>
> **慎重的問候** 45 度左右的鞠躬，表現慎重感時使用的問候，在說「謝謝」、「對不起」時使用。

2. 引導

向顧客引導時，要積極且準確地說明；指示方向時，視線要先看對方的眼睛，用手比往指示的方向，再將目光轉回對方的眼睛。手指自然併攏並將手心稍微凹起，再用另一隻手托住，慎重地用兩隻手來引導。並用手臂來表現距離感，近距離就伸得短短的，遠距離就將手臂伸長來表現。

3. 點餐

為了讓顧客能馬上點餐，要在點餐處等候，並再次確認顧客的餐點內容，以及正確地準備顧客所需的餐點。結帳時要再確認收到的金額與找零，並同時提供收據或發票。

4. 提供餐點

提供給顧客所點的飲料時，要用開朗的表情說「請慢慢享用」。如果是熱飲要提醒對方小心飲用，並確認杯蓋是否蓋好再送出。

5. 歡送

顧客離開時，要複誦「謝謝光臨」。

① 電話應對

接起電話時，要想像成和顧客對視一般來應對。由於電話中沒有面對面的接觸，為了給予顧客信賴感，更要特別注意。

❶ 電話應對的基本要領
- 以面對顧客的心態
- 鈴聲一響就要迅速接起
- 語氣要慎重
- 內容要簡單明瞭
- 用正確的態度、開朗的表情、愉悅的聲調
- 發音要明快且準確

❷ 基本電話禮節
- 接電話：鈴聲響三次前接起。
- 開場白：招呼語後接著表明公司名稱＋姓名。
  例）「您好？我是 CK corporations 行銷部的○○○。」
- 鈴聲響四次以上時，要說「抱歉讓您久等了」來表示歉意。
- 電話應對：接電話時要積極地確認顧客的要求。
- 掛電話前：整理重要的事項並再次確認。
- 最後的台詞：通話的最後要以感謝的心情，慎重地說「謝謝您」，並等顧客掛斷後再將話筒放下。
- 通話過後：記錄並整理主要內容，並一定要將 memo 轉交給負責人。

❸ 對等待顧客的應對
- 對等待的客人表達謝意。
  例）「謝謝您的等候」

❹ 找的人不在時
- 告訴對方方便通話的時間。
  例）「李課長目前外出，麻煩下午五點過後再來電」

❺ 電話轉接時
- 簡略報告通話內容，以便體貼顧客不用再重複說相同的話。

咖啡館的衛生管理

不只一般的餐飲店，咖啡館也是經手飲食的行業，對於食品衛生管理一定要徹底進行。

食品衛生的定義

❶ 食品安全衛生管理法第 3 條的定義[6]
包含食品、特殊營養食品、食品添加物、食品器具、食品容器或包裝、食品用洗潔劑、食品業者、標示、營養標示、查驗、基因改造為對象的飲食相關安全衛生管理。

❷ WTO 環境衛生專門委員會的定義
食品衛生是指食物從種植、生產、製造開始，到最後被人類攝取為止，為了確保所有階段中涉及的食品的安全性、健全性與完整性，所有需要的方法。

如前所述，食品衛生不只是單純指飲食的衛生，調理的器具、包裝等製造飲食相關的所有過程都包含在內。便因而制定了食品安全衛生管理法，防止在食品衛生上的危害，並尋求食品營養的品質提升，提供正確的食品相關情報，為促進國民健康提出貢獻。

1. 營業申請與健康檢查

所有的咖啡館都要依循食品安全衛生管理法，營業執照與營業許可證要保管於賣場中。

賣場中處理飲食的所有工作者，都要到管轄地的衛生所接受健康檢查，並保留健檢報告，之後每年應主動辦理健康檢查乙次。此外，食品服務業的營業者與從業人員，要定期接受食品安全、衛生及品質管理之教育訓練，並作成紀錄。[7]

2. 安全的食品處理者

為了預防有消化系統疾病的患者所調理的食品，間接感染他人，經手食品者每年要進行一次健康檢查，確認是否患有傷寒、副傷寒、痢疾、大腸桿菌、霍亂等。食品相關從業人員一定要注意個人的清潔，尤其要穿著乾淨的制服，保持手部的衛生，維持最佳健康狀態並預防疾病。

3. 食材管理與保存期限

咖啡館中主要使用的食材保存期限都比較長，或以糖類為多，難免會出現疏忽的情形。但也有像牛奶這樣容易變質的食品，因此要經常注意食材的管理。

① 乳製品 | 以先進先出為基本規則，只訂預計要用的適當分量，以維持新鮮的狀態。牛奶和打發鮮奶油等則要在管理日誌中記錄保存期限。

② 粉末類 | 乾燥的食材容易增生黴菌等微生物，因此也需要管理。尤其到了夏季，無關保存期限，開封後 5 天以內就要使用完畢，5 天以上一定要以密封方式冷藏保存。此外，分裝時要標示分裝日期與保存期限，原包裝上的中文標示也要保留。

③ 醬汁、糖漿 | 雖然大部分的保存期限算長，但開封後建議冷藏保存較佳。

④ 冷凍食品 | 咖啡館中主要使用的冷凍食品為烘焙類或冷凍果泥。最適當的冷凍食品解凍方式，可分為冷藏解凍法與微波解凍法，常溫下解凍的話，容易繁殖微生物，因此較不建議。

[6] 編註：將原文根據台灣現行法規做了相關的修正。
[7] 編註：將原文根據衛生福利部訂定的「食品良好衛生規範準則」做了修正。

⑤ 蔬果類｜由於蔬果類要保持新鮮，一定要盡量冷藏保存，並購買適量即可。

4. 標示事項管理

所有食品材料的中文標示都要保留至用完為止，要記得開封的日期，並記載從開封日算起的賞味期限，以及遵守標示的保存方法與使用期限。

5. 溫度管理

保存食材時，冷藏要維持在 5℃以下，冷凍則是 -18℃以下，並且不要超過冷藏或冷凍室體積的 70％。為了能確認冷藏與冷凍的溫度，要製作溫度紀錄表，並保留一年左右的溫度管理日誌。

6. 交叉污染

髒污、寄生蟲、其他細菌等，會因為接觸不乾淨的手、手套、器具、設備或其他食物，而發生交叉污染。

① 食物｜保存食物時，要使用有蓋的容器，或是以食品用保鮮膜覆蓋。罐頭或真空包開封之前，如果有已經被污染的部分，或有瑕疵或變質的情況，就要和其他食物分開保存。

② 手和手套｜為了將因手而產生的污染減至最低，拿取食品時一定要戴上拋棄式手套，或是借助食品用工具，盡量少用手直接拿取。戴上手套前，要先將手擦乾淨，手套一次使用完畢後，要再更換新的。拿取料理好的食物時，要用工具或廚房用具。

③ 設備、餐具、工具與廚房用具｜所有的設備以及餐具與食物接觸的部分，都不要直接觸碰，為了減少交叉污染，接觸食物的部分要經常

清洗、殺菌並保持乾燥。無論是在製作食品後、每隔 4 小時一次、使用設備前、調理食物中弄髒時，以及營業時間結束後，任何可能會發生污染的情況，都要進行清洗和殺菌。

④ 抹布｜要區分食物用的抹布與清潔用的抹布，並分開放置。擦拭與食物接觸的表面時，要將沒有髒污、乾淨的抹布弄濕後再擦，並和一般抹布分開放置。

⑤ 製冰機內、外部清潔與冰鏟的管理｜製冰機內部一周要清理一次，營業時間過後，要關掉電源並將所有的冰塊取出，用水清洗內部，清除內部的水後，再噴灑消毒用酒精殺菌。每天要擦拭外部的髒污，並一周清一次空氣濾網。將消毒用酒精和水以 1：50 的比例混合，再將冰鏟放入浸泡消毒。

7. 食物中毒
食源性疾病，指的是藉由食物傳染給人的疾病，當兩人以上吃了相同的食物後，會發生同樣的不適症狀。幼兒、學齡前的兒童、孕婦、老人、服用特定藥物的人、或是患有嚴重疾病的人等感染度高的族群較容易發生。

① 潛在的危害
・生物性的危害：細菌、病菌、寄生蟲、黴菌、毒素。
・化學上的危害：殺蟲劑、食品添加物、清潔用品、毒性金屬。
・物理上的危害：頭髮、髒污、金屬異物。

② 微生物繁殖的原因
・酸性：食源性疾病的微生物，在中性到弱酸性即 pH7.5 至 4.6 的食物中最容易繁殖。

- 溫度：5℃至57℃的環境下最容易繁殖。
- 時間：在危險溫度區間中4小時以上，就能充分繁殖並引發疾病。
- 空氣：部分食源性疾病的微生物在接觸空氣後就會開始繁殖。

③ 引起食物中毒的主要細菌

- 沙門氏桿菌（Salmonella）：經由家禽類、雞蛋、乳製品或牛肉感染，常見的症狀有腹瀉、腹部痙攣、嘔吐、發熱等。要保持食物的冷藏溫度，並區分原料、再製品、製成品等，防止交叉污染。

- 細菌性痢疾菌：經由容易被手污染的食物、與污染水接觸過的農產品而感染。最常見的症狀為血便、腹瀉、腹痛、痙攣與間歇性發熱等。要禁止有腹瀉症狀或被診斷患有細菌性痢疾的人處理食物，並預防蒼蠅或蟑螂滋生。

- 李斯特菌症（Listeriosis）：經由生肉、未低溫殺菌的牛奶與乳製品、即食食品而感染。發生在孕婦身上可能會引起流產，發生在新生兒上，則會引發敗血症、肺炎與腦膜炎。

- 金黃色葡萄球菌（Staphylococcus aureus）：從食物處理者手中生長的細菌，經由被手污染的食物而感染。症狀有噁心、嘔吐、發熱、腹部痙攣等。食物處理者的手要保持清潔，如果刀子劃到手時，要用塑膠指套保護，防止細菌交叉感染，並禁止接觸食物。

- A型肝炎：經由馬上就能吃的即食食品或魚貝類而感染，初期症狀有微熱、無力感、噁心、腹痛等，後期則會出現黃疸症狀。要預防調理過的食物與未調理食物的交叉感染，並禁止可能患有A型肝炎的人處理食物。

- 諾羅病毒（Norovirus）：冬季發病率高的食物中毒，氣溫越低微生物生存得越久。常見於經由河水污染的食材或是牡蠣、貝類中，因此貝類要用 85℃加熱 1 分鐘以上，水果、蔬菜等要用流動的水並以有殺菌效果的清潔劑清洗。

- 環孢子蟲病（Cyclosporiasis）：常見於用有寄生蟲的水清洗過的農產品上，症狀有噁心、腹部痙攣、微熱、腹瀉等。因此，要向獲得認可並值得信任的供應者購買農產品，並將手洗淨，將交叉污染的危險降至最低。

審定者
介紹

李有喜 | 現為 CK corporations 研究開發室室長

2013~2014　COFA GCA 審查委員

2012　首爾咖啡研討會與會

2006~2013　JOE'S SANDWICH、bread & co. 咖啡館等多數自有
　　　　　　品牌（PB）的產品開發

2006　建立 CK corporations 咖啡生產品管系統

2004　KACR（Kansai Allied Coffee Roasters）技術進修

2003　日本東京都立大學理學博士課程結業

姜斗雄 | 現為 CK corporations LUSSO LAB 本部長

2006~2013　韓華集團 Beans & Berries 負責品牌上市、
　　　　　　產品開發、飲食開發

2006~2008　韓國咖啡協會咖啡師 2 級評審委員

2003　韓國咖啡師錦標賽主持與評審委員

2003~2004　韓國 Dallmayr 咖啡學院講師

鄭在仁 | 現為 CK corporations LUSSO LAB 營運組組長

2011~ 至今　Eurosian 等多家咖啡館顧問

2011~2013　CNC 咖啡師學院教育室長

2007~2010　KAFFA 品項開發與教育

2013~ 至今　韓國咖啡協會咖啡師 1 級技術評審委員

2010~ 至今　韓國咖啡協會咖啡師 2 級技術首席評審委員

2012~2013　WCCK 國家代表選拔審查委員

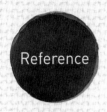

Reference

A. Illy and R. Viani, <Espresso Coffee: The Chemistry of Quality>, Academic Press, 1995

Jean Nicolas Wintgens, <Coffee: Growing, Processing, Sustainable Produdction>,

WILEY-VCH, 2009

Flament, Ivon, <Coffee Flavor Chemistry>, John Wiley & Sons Inc., 2007

James Kosalos 等, <Arabica Green Coffee Defect Handbook>, SCAA, 2004

Ted R. Lingle, <the Coffee Brewing Handbook>, SCAA, 1996

Ted R. Lingle, <the Coffee Cupper's Handbook>, SCAA, 1996

崔樂言, < 以科學來解說咖啡香氣的祕密 >, SEOUL COMMUNE, 2014

崔樂言, <Flavor 味道是什麼 >, 藝文堂, 2013

全光修, < 全光修的烘豆教科書 >, Dal Publishers, 2013

堀口俊英, < 咖啡的教科書 >, Dal Publishers, 2012

田口護, < 精品咖啡大全 >, 光門閣, 2012

柳大俊, <Coffee Inside: All About Coffee>, Hamil, 2012

崔范秀, < 義式咖啡機與磨豆機的一切 >, IVYLINE, 2010

李玄錫, < 咖啡烘焙技術 >, SEOUL COMMUNE, 2010

李承勳, < 關於義式濃縮咖啡的一切 >, SEOUL COMMUNE, 2009

宋周彬, < 咖啡科學 >, Ju Bean, 2008

Gerhard A Jansen, < 咖啡烘焙 >, Ju Bean, 2007

廣瀨幸雄, < 想知道更多的咖啡學 >, 光門閣, 2007

崔范秀, <Espresso Coffee Machine>, IVYLINE, 2006

呂東莞, 玄金鎬, <Coffee>, 家刻本, 2004

文中雄, < 完全理解義式濃縮咖啡與咖啡 >, IVYLINE, 2001